111 Gründe, Pferde zu lieben

Sabine Anders

111 Gründe, Pferde zu lieben

Eine Liebeserklärung an den
edelsten, anmutigsten und schnellsten
Gefährten des Menschen

Schwarzkopf & Schwarzkopf

Inhalt

Das Pferd an sich – Seite 85

Weil es Pferde in fast allen Größen gibt – Weil es Pferde in fast allen Farben gibt – Weil es Hengste, Wallache und Stuten gibt – Weil man auf Zebras und Kühen nicht so gut reiten kann – Weil Pferde älter werden als Hunde und Katzen – Weil Pferde im Kreis sehen können – Weil Pferde immer nach Hause finden – Weil Pferde Gras und Schokolade mögen – Weil Pferden Wind und Wetter nichts ausmachen – Weil Pferde lieber flüchten als kämpfen – Weil Pferde neugierig sind – Weil Pferde nicht lügen können – Weil Maultiere und Maulesel auch ganz süß sind – Weil wir Pferden ihren natürlichen Lebensraum weggenommen haben – Weil Pferde uns nicht brauchen, wir sie aber schon

Das Pferd zur Befriedigung der Leidenschaft – Seite 117

Weil Pferde schön sind – Weil Pferde Freiheit verkörpern – Weil es leichtfällt, Pferde zu lieben – Weil man viel von Pferden lernen kann – Weil es ohne Pferd keine Pferdeflüsterer geben würde – Weil Pferde Menschen besser verändern können als Menschen – Weil Pferde heilen können – Weil Pferde Leben retten – Weil Pferde (fast) alles verzeihen – Weil Pferde einen vom Rauchen und Trinken abhalten (oder auch nicht) – Weil Pferde der beste Zeitvertreib sind – Weil Pferde erwachsen machen – Weil Pferde süchtig machen – Weil es mehr Spaß macht, Pferde zu putzen als die Wohnung oder das Auto – Weil man im Urlaub eine Beschäftigung hat – Weil Pferde die besten Freunde von Frauen sind – Weil Pferde Menschen zusammenbringen

Das Pferd im Sport – Seite 159

Weil man mit Pferden auch Kutsche fahren kann – Weil man mit Pferden wandern kann – Weil die Deutschen ohne Pferde viel weniger Goldmedaillen gewinnen würden – Weil Pferde schnell sind – Weil es ohne Pferde keine Poloshirts geben würde – Weil man Pferden Kunststücke beibringen kann – Weil man auf Pferden turnen kann – Weil manche Pferde tölten können und manche sogar sechs Gänge haben – Damit sie nicht mehr über zu hohe Hindernisse springen müssen – Weil Pferde länger durchhalten als jeder Marathonläufer – Weil es ohne Pferde keine Cowboys in Deutschland geben würde – Weil Reiten gut für den Rücken ist – Weil Pferde Körperbeherrschung erfordern – Weil es nirgendwo so viele Wege durch ein Viereck gibt wie beim Reiten

Das Pferd in der Kultur – Seite 189

Weil Hufeisen Glück bringen – Weil man die apokalyptischen Reiter dann viel sympathischer findet – Weil Künstler ohne Pferde um ein Motiv ärmer wären – Weil Martinsumzüge ohne Pferde ziemlich langweilig wären – Weil man mit Pferden besser Weihnachten feiern kann – Weil wir das Oktoberfest einem Pferderennen verdanken – Weil Wien sonst keine Spanische Hofreitschule hätte – Weil Wappen mit Pferden gut aussehen – Weil Pferde unsere Kultur entschleunigen – Weil Reiten eine Wissenschaft ist – Weil sogar Reitböden eine Wissenschaft sind – Weil Pferdefachsprache nur Insider verstehen – Weil Verkleiden Spaß macht

Das Pferd in der Fantasie – Seite 217

Weil Pferde die Menschen schon immer inspiriert haben – Weil Pferde Natur zum Anfassen sind – Weil Mädchen ohne Pferdebücher nur halb so viel lesen würden – Weil es ohne Pferde keine Zentauren geben könnte – Weil es ohne Pferde keine Einhörner geben würde – Weil Western ohne Pferde langweilig wären – Weil Filmpferde die besseren Schauspieler sind – Weil Don Quixote ohne Rosinante nicht Don Quixote wäre – Weil Hans Hansen so gerne Aufnahmen von Pferdebeinen ansah – Weil Fury Joe immer geholfen hat – Weil Gandalf ohne Shadowfax immer zu spät kommen würde – Weil man dann viel eher Storms Schimmelreiter liest – Weil Bob Dylan von Blut an Sätteln und Pferden im Paradies singt

Vorwort

Viele der Reiter, Pferdebesitzer und Pferdefreunde, die ich gefragt habe, warum sie persönlich Pferde lieben, wussten nicht, was sie antworten sollten. Sie reagierten zuerst stutzig, runzelten die Stirn und gaben zurück: »Ich weiß auch nicht, warum ich mir das eigentlich antue.« Den meisten fielen nämlich erst einmal sehr viel mehr Gründe ein, warum man Pferde eigentlich besser nicht lieben sollte: Sie sind teuer, werden leicht krank, kosten dann noch mehr Geld, machen eigentlich ständig Ärger, sind ihren Besitzern ein Klotz am Bein, scheuchen sie bei Wind und Wetter und zu jeder Tages- und Nachtzeit raus und tun nur äußerst selten das, was man von ihnen will. Viele zuckten mit den Schultern und sagten: Es ist halt so. Keiner von diesen Pferdemenschen zog jedoch auch nur eine Sekunde in Erwägung, nichts mehr mit Pferden zu tun haben zu wollen. Die meiste Zeit macht das Zusammensein mit Pferden ihnen keinen Spaß, und angenehm ist es auch nicht, aber sie halten daran fest. Denn ab und zu erleben sie eben doch jene kurzen Augenblicke der Ekstase, wenn sie glauben, eins mit ihrem Pferd zu werden, und eine Verständigung mit ihm erreichen, die feiner und tiefer ist als jede andere Art der Kommunikation: Momente, in denen das ganze Leben und die ganze Welt für sie plötzlich einen Sinn haben. Und so kurz und selten diese Augenblicke sein mögen, sie reichen ihnen, um Pferde weiter zu lieben.

Es scheint ein weit verbreitetes Phänomen zu sein, dass viele Leute Pferde lieben und zum Mittelpunkt ihres Lebens machen, obwohl sie es gar nicht wollen. Es wirkt wie eine Zwangshandlung, ein Trieb, gegen den sie nicht ankommen, obwohl die Pferde ihnen, wenn sie es von einer vernünftigen Perspektive betrachten, oft mehr Leid als Freude bereiten. Bei Pferdeliebe handelt es sich daher um Liebe in ihrer leidenschaftlichsten Form: Eine Liebe, die alle vernünftigen Überlegungen beiseite fegt und sämtliche

Widerstände überwindet. Liebe, die nicht anders kann, die nichts damit zu tun hat, ob man zueinander passt, im Alltag gut miteinander auskommt und es bequem hat. Eine Liebe, die nicht selten so stark, so unvernünftig und so verzehrend ist, dass beide Seiten, Pferd und Mensch, daran zugrunde gehen. Eine Liebe aber auch, die man niemals bereut und die das Leben unendlich bereichert, auch wenn sie es manchmal schwieriger macht, als es ohne Pferde wäre. Was ist es, das diese Tiere so anziehend und unwiderstehlich macht, dass ihnen die Menschen scharenweise zu Füßen liegen und das gegen ihren Willen? Haben Sie sich das jemals gefragt, finden Sie in diesem Buch vielleicht ein paar Antworten.

Wenn Menschen es sich nicht aussuchen können, ob sie Pferde lieben, und es quasi unfreiwillig tun, sind die Pferde dabei diejenigen, die sich nicht aussuchen können, von wem sie geliebt werden. Beim Tanzen gibt es manchmal Damenwahl, beim Reiten gibt es nie Pferdewahl, auch wenn es oft mit Tanzen verglichen wird. In der Pferdewelt ist jeden Tag Menschenwahl, egal wie viele Pferdebesitzer behaupten, ihr Pferd hätte sie ausgesucht und nicht umgekehrt. Und obwohl sie am meisten davon betroffen sind, haben die Pferde kein Wörtchen mitzureden, für welche Reitweise und Ausrüstung, für welchen Tierarzt und Hufschmied, Reitlehrer und sonstige Experten, für welchen Stall und welches Futter sich ihr Besitzer entscheidet. Fast alle wollen nur das Beste für ihr Pferd, lieben es aber trotzdem oft vielmehr zu Tode als bis der Tod sie scheidet. Denn in unserer modernen, technisierten Welt ist es kaum noch jemandem vergönnt, mit Pferden aufzuwachsen und sich durch täglichen und ausgiebigen Umgang mit diesen Tieren einen reichen Schatz an Erfahrung, Wissen und Können anzueignen. Ohne Liebe jedoch würden auch diese Komponenten den Pferden wahrscheinlich nur wenig nützen. Sie bleibt die wichtigste Voraussetzung und macht Lernen erst möglich.

Danken möchte ich an dieser Stelle allen Pferdeliebhabern, die Zitate und Ideen für den Text zur Verfügung gestellt haben: Klaus

Balkenhol, Anja Beran, Anja Bongard, Bent Branderup, Marianne Kreutzer, Martin Kreuzer, Petra Lisy, Nathalie Penquitt, Susanne Puls, Hinrich Romeike, Volker Sichler, Heinz Springstein, Kay Wienrich, Klaus Zeeb und dem Team von LQH. Darüber hinaus danke ich Holger Reichard, der viel dazu beigetragen hat, dass ich dieses Buch schreiben durfte.

Vielen Dank auch an Uli Kofler und sein Team, die sich um mein Pferd gekümmert haben, während ich mit Schreiben beschäftigt war.

Augsburg, im Frühjahr 2010

Sabine Anders

KAPITEL 1

Das Pferd in der Geschichte

*Die Geschichte der Menschen ist eine Geschichte der Kriege.
Vom Anbeginn organisierter Menschenschlachten bis zum
Zweiten Weltkrieg gab es keine Auseinandersetzung
zwischen den Völkern des Abendlandes, die nicht auf
dem Rücken der Pferde ausgetragen wurde.*
GUNTER STEINBACH, »DAS GROSSE BUCH DER PFERDE«

Weil ohne Pferde die Menschheitsgeschichte ganz anders verlaufen wäre

Evolutionär gesehen gibt es Pferde schon viel länger als Menschen. Das Eohippus genannte Urpferdchen lief bereits vor 60 Millionen Jahren auf unserem Planeten herum, und auch Equus, die Gattung, zu der unsere modernen Reitpferde gehören, existiert seit gut 10 000 Jahren. Neueste archäologische Funde belegen, dass Menschen schon vor 5500 Jahren anfingen, Pferde zu zähmen und zu reiten.

Damit begann die Domestikation des Pferdes etwa 1000 Jahre früher als bisher angenommen, und zwar 4000 Jahre vor Christus in der Botai-Kultur im Gebiet des heutigen Nordkasachstans. (Die Botai-Kultur verdankt ihre Berühmtheit übrigens einzig und allein diesen Funden über die frühe Pferdezähmung.) Der Großteil der Tierknochen, die Archäologen im Siedlungsgebiet der Botai-Kultur fanden, stammt von Pferden. Etwa zehn Prozent von diesen Knochen haben Spuren an den Zähnen, die darauf schließen lassen, dass die Pferde geritten wurden. Es liegt also nahe, dass die Botai-Siedler Pferde dazu benutzten, andere Pferde zu jagen oder in Herden zusammenzuhalten und zu züchten.

Den endgültigen Beweis dafür, dass die Botai-Leute schon so früh Pferde domestizierten, lieferten Reste vergorener Stutenmilch an Tonscherben. Angeblich benutzten die Siedler sogar Pferdeknochen, um ihre Häuser zu bauen, und zähmten Pferde, noch bevor sie Kühe, Ziegen oder Schafe hielten. Und damit fing es an: Das Pferd brachte die Geschichte der Menschheit auf Trab.

Als Erstes halfen Pferde dem Menschen, Ackerbau effektiver zu betreiben, indem sie sich vor Pflüge spannen ließen. Dies hatte zur Folge, dass die Menschen mehr Zeit für andere Dinge hatten – zum Beispiel für den Städtebau. Die Städte mussten dann natürlich verteidigt werden, also setzten sie Pferde als Kriegswaffen ein.

Wo, wann und aus welchem Grund genau der erste Mensch auf den Rücken eines Pferdes kletterte, weiß man leider nicht. Es gibt die Theorie, dass die Position auf dem Pferderücken, die einen Reiter sichtlich über seine Mitmenschen erhöht, Machtgelüste weckt und der Auslöser dafür war, dass der Mensch danach strebte, andere Völker zu erobern und zu beherrschen.

Zunächst war es im Krieg jedoch üblich, Pferde nicht zu reiten, sondern sie vor Kampfwagen zu spannen: Auf diese Weise zogen im dritten Jahrtausend vor Christus die Sumerer in den Krieg, und auch Alexander der Große und sein Hauptgegner, der Perserkönig Darius, werden in den Zeugnissen ihrer entscheidenden Schlacht bei Issos im Jahre 333 vor Christus auf Kampfwagen dargestellt. Ob sie nun fuhren oder ritten, die Macht von Alexander und auch die der Perser gründete sich jedenfalls auf Pferde.

Während die meisten dieser Pferde anonym blieben, liebte Alexander seines jedoch genug, um es mit viel Aufwand zu beerdigen und ihm nach seinem Tod ein Denkmal zu setzen. Auf dem Schlachtfeld, auf dem sein Pferd ertrunken sein soll, gründete Alexander ihm zu Ehren sogar eine Stadt, die er nach ihm benannte. Es trug den Namen Bukephalos, was wörtlich übersetzt Ochsenkopf bedeutet. Der Legende zufolge kaufte Alexanders Vater Philip, dessen Name wiederum Pferdefreund bedeutet, Bukephalos für einen völlig überhöhten Preis. Das Tier war schreckhaft, niemand außer Alexander konnte es reiten. Bukephalos soll dreißig Jahre alt geworden sein, was darauf schließen lässt, dass Alexander ihn ziemlich gut behandelt haben muss.

Außer der zwischen Alexander und den Persern gab es in der Menschheitsgeschichte weitere entscheidende kriegerische Auseinandersetzungen, die ohne Pferde wahrscheinlich ganz anders ausgegangen wären. Zum Beispiel wäre es dem Hunnenkönig Attila beinahe gelungen, das Abendland zu erobern – und das dank seines berittenen Heeres, das fast ausschließlich auf dem

Pferderücken zu Hause war. Erst als die Römer und die Westgoten sich gegen ihn verbündeten, konnten sie ihn aufhalten.

Ein paar hundert Jahre später versuchten die Araber mit von Mohammed gezüchteten Pferden, das Abendland zu islamisieren. In der Entscheidungsschlacht wurden sie in Südfrankreich von einem Heer gestoppt, das auf Kaltblütern und nordischen Ponys ritt.

Im frühen Mittelalter schafften es die Mongolen, mit ihren Ponys das Ritterheer Heinrichs II. zu besiegen: Sie hätten Europa besetzen können, scheiterten aber an fehlender Organisation und entschieden sich zum Rückzug, als die Dschingis-Khan-Dynastie in sich zusammenbrach. Das eroberte Reich wäre sowieso zu groß gewesen, um es erfolgreich zu verwalten.

Besonders gefürchtet waren unter den reitenden Kriegern der frühen Geschichte die assyrischen Bogenschützen, die freihändig reiten mussten, weil sie beide Hände brauchten, um ihre Pfeile abzuschießen, und dabei saßen sie nur auf einer Satteldecke und benutzten keine Steigbügel. Diese waren zwar bereits erfunden, gerieten dann aber wieder in Vergessenheit. In Europa fanden sie erst nach dem Untergang des Römischen Reiches Verbreitung.

Einen weiteren Meilenstein in der berittenen Kriegskultur markieren die Ritter des Mittelalters, doch ihnen ist ein eigenes Kapitel gewidmet (siehe Grund Nr. 5).

Die gemeinsame Geschichte von Mensch und Pferd wird also von Kriegen dominiert. Doch es gibt auch eine sehr alte Reitlehre, die für einen friedlichen, gewaltfreien Umgang mit dem Pferd plädiert: Der Grieche Xenophon schrieb sie im 4. Jahrhundert vor Christus. Immerhin soll sie spannender zu lesen sein als Xenophons Aufzeichnungen über die Feldzüge von Alexander dem Großen gegen die Perser.

Ist die Rolle des Pferdes in der Geschichte der Menschheit ein Grund, diese Tiere zu lieben? Das hängt wohl davon ab, ob man die Entwicklung gut oder schlecht findet. Fest steht, dass sich Menschen sicher auch ohne Pferde gegenseitig die Köpfe eingeschlagen hätten. Vielleicht wäre die Menschheit auch ohne

Pferde genau dorthin gekommen, wo sie heute ist – es hätte nur sehr viel länger gedauert. Wir sollten den Pferden also dankbar sein, dass uns jetzt noch Zeit für Verbesserung bleibt.

Ohne Pferde säßen wir heute noch auf Bäumen.
HINRICH ROMEIKE, REITENDER ZAHNARZT UND OLYMPIASIEGER

Weil die Griechen ohne Pferde Troja nie erobert hätten

Ob und in welcher Form der Trojanische Krieg, wie ihn Homer in der *Ilias* und *Odyssee* beschreibt, tatsächlich stattgefunden hat, ist bis heute umstritten. Aber das macht nichts: Der Mythos ist nach wie vor sehr lebendig. Erst vor ein paar Jahren wurde ihm ein großer Kinofilm mit hochkarätiger Besetzung gewidmet.

Wie jeder weiß, entschied ein Pferd den Krieg: Die Griechen bauten es aus Holz, vermutlich aus Resten ihrer Schiffe, denn in der Gegend um Troja gab es nicht viele Bäume. Sie versteckten sich im Bauch des Pferdes, schenkten es den Trojanern und täuschten ihren Rückzug vor. Die Trojaner hörten nicht auf die Warnung ihrer Wahrsagerin Kassandra und brachten das Pferd in die Stadt. Die Griechen verließen ihr Versteck, öffneten ihren Mitstreitern die Tore und brannten Troja nieder.

Doch Pferde spielen auch an anderen Stellen in Homers Epos eine Rolle. Anstatt zu reiten, bekämpften sich Griechen und Trojaner mit Streitwagen, die von zwei oder vier Pferden gezogen wurden. Einen Streitwagen benutzte Achilles auch, um Hektors Leichnam dreimal um Troja zu schleifen. Und zu Ehren des Begräbnisses seines Freundes Patroklos wurden Wagenrennen veranstaltet. Hektor selbst, der älteste Sohn von Priamos, dem König von Troja, bekam von Homer den Beinamen Pferdezähmer (es ist zugleich das allerletzte Wort der *Ilias*).

Hektor und die anderen Protagonisten der *Ilias* haben ihre Pferde hoch geachtet und viel mit ihnen geredet – und die Pferde auch mit ihnen. Bevor Hektor mit seinen Pferden losfährt, um Nestors Schild zu erobern, fordert er sie im achten Gesang auf, sich jetzt für die Pflege erkenntlich zu zeigen, die seine Frau Andromache ihnen »so reichlich« angedeihen ließ: Er erinnert die Pferde daran, dass Andromache ihnen immer zuerst »den lieblichen Weizen« gegeben hat und dass sie ihnen »mischte den Wein, zu trinken, wann ihr begehrtet / Eher als mir, der ihr blühender Gatte zu sein ich mich rühme«. War Andromache vielleicht, wie – den Umfragen zufolge – viele Frauen auch heute, schon damals lieber mit Pferden zusammen als mit ihrem Mann?

Achilles, Hektors Hauptgegner, war zwar unverheiratet, aber auch er hatte viel mit seinen Pferden zu bereden. Als er seine beiden Streitrösser Xanthos und Balios, die schon seinem Vater gehört hatten, ermahnt, ihn lebend wieder aus der Schlacht zu bringen und nicht wie Patroklos tot im Feld zu lassen, fängt Xanthos an zu sprechen. Die Göttin Hera, Zeus' Frau, verlieh ihm eine Stimme. Xanthos weist den Vorwurf zurück und sagt, dass nicht er und sein Gespannkollege an Patroklos' Tod schuld seien, sondern die Götter. Er verspricht Achilles, ihn diesmal noch zu retten, sagt ihm jedoch voraus, dass es sein Schicksal sei, auch bald zu sterben. Bevor Xanthos weiterreden kann, versagen ihm die Erynnien, die Rachegöttinnen, die Fähigkeit zu sprechen wieder. Achilles scheint sich über sein sprechendes Pferd nicht zu wundern, er antwortet lapidar: »Was weissagst du den Tod mir, Xanthos? Das brauchst du doch gar nicht. / Weiß ich doch selber gut, dass mein Los ist, hier zu verderben, / Fern von Vater und Mutter; und dennoch lasse ich ab nicht, / Eh ich die Troer genugsam umgetrieben im Kampfe.«

Bevor Achilles stirbt, tötet er Hektor, weil der seinen Freund Patroklos umgebracht hatte. Hektors Tod wiederum veranlasste die Amazonenkönigin Penthesilea, Tochter des Kriegsgottes Ares, sich in den Krieg einzumischen. Mit zwölf Mitreiterinnen kam sie den durch Hektors Tod geschwächten Trojanern zu Hilfe. Penthesilea hatte bei einer Hirschjagd versehentlich ihre Schwester Hippolyte mit einem Speer getötet. Aus Trauer darüber wollte sie nicht mehr leben und suchte einen ehrenhaften Weg zu sterben – für sie als Amazone kam nur der Tod auf dem Schlachtfeld in Frage. Andere Interpretationen sagen, dass sie durch einen gottgefälligen Kriegszug ihre Schuld tilgen wollte.

Penthesilea wurde schließlich von Achilles getötet. Als er ihr den Helm abnahm und ihre Schönheit erkannte, soll er es bereut haben.

Es scheint, dass die Reiter schon zu Homers Zeiten nicht nur auf das Aussehen ihrer Frauen viel Wert gelegt haben, sondern auch auf das ihrer Pferde. Zumindest deuten die Namen der Tiere, die in der *Ilias* mitspielen, darauf hin, dass schöne Farben und lange, üppige Mähnen im Trend lagen. Homer beschreibt, dass die von Xanthos bis zum Boden reichte. Der Name legt nahe, dass es sich um einen Fuchs mit blonder Mähne handelte, vielleicht also ein Pferd im typischen Palomino- oder Haflingerlook.

Pferdenamen waren wohl damals schon mit viel Bedeutung befrachtet und unterstrichen wie heute das Aussehen, die Eigenschaften oder die Abstammung eines Tieres. Hektor besaß auch ein Pferd, das Xanthos hieß. Weitere drei hießen Podargos, Aithon und Lampos. Podarge war zugleich die Mutter von Achilles' Pferden. Sie war eine Harpyie, ein geflügeltes Fabelwesen in Frauengestalt, schnell wie der Wind und unverwundbar. Wörtlich bedeutet der Name schnellfüßig. Aithon, Hektors drittes Pferd, muss ein Rappe gewesen sein. Aithe dagegen, das Pferd von Agamemnon, bezeichneten die Griechen als Brandfuchs. Lampos war das Pferd von Eos, der Göttin der Morgenröte, also wahrscheinlich auch ein Fuchs. (Das Eozän ist übrigens das Erdzeitalter, in dem die stammesgeschichtliche Entwicklung der Equiden ihren Anfang nahm.) Balios, Achilles' zweites Pferd, war ein Schecke. In späteren literarischen Bearbeitungen des mythischen Stoffes reitet Hektor eine Stute namens Galathe, die auch mit ihm gesprochen und sogar geweint haben soll, als er an seinem Todestag in die Schlacht zog.

... jedoch deine Pferde
Sind sehr langsam im Laufe,
drum fürcht ich, das werde verderblich.
HOMER, »ILIAS«

Weil die Menschen sonst nie den Sattel erfunden hätten

Wie so vieles verdankt auch der Sattel seine Erfindung und vor allem seine Weiterentwicklung den kriegerischen Absichten der Menschen. Als sie anfingen, auf Pferden zu reiten, kletterten sie ohne Sattel auf die Tiere und hielten sich auf dem blanken Rücken fest. Um das Sitzen bequemer zu gestalten, kamen die Reiter irgendwann auf die Idee, Felle oder Decken als Unterlagen zu verwenden. Wahrscheinlich befestigten sie diese mit irgendeinem Strick oder Gurt am Bauch des Pferdes. Baumlose Sättel waren geboren.

Doch wichtiger als seine Bequemlichkeit war dem historischen Reiter, sich einen festen Halt im Sattel zu verschaffen. Für den Nahkampf im Krieg brauchte ein berittener Krieger mehr als nur eine Decke oder ein Sitzkissen. Also verstärkte er die Polsterung unter seinem Hintern mit einem Gerüst aus Holz und erfand so den Sattelbaum.

Eine solche Konstruktion hatte den zusätzlichen Vorteil, dass der Reiter Ausrüstungsgegenstände am Sattel befestigen konnte. Schließlich waren Krieger und andere Reiter damals meistens über mehrere Tage und Wochen unterwegs. Wahrscheinlich hat die Erfindung des Sattelbaums sogar genau hier ihren Ursprung, in Packsätteln und nicht in Sätteln zum Reiten. Archäologen haben Reste von alten Sattelbäumen gefunden und ihre Herkunft auf das Reitervolk der Skythen zurückgeführt.

Die Skythen waren eines der frühesten und berühmtesten Reitervölker. Sie lebten im ersten Jahrtausend vor Christus in den Steppen Eurasiens nördlich des Schwarzen Meeres. Zu ihnen sollen auch die Sarmaten gehört haben, die vor allem durch die Artus-Sage zu Berühmtheit gelangten, nachdem ein Forscher befand, dass es sehr viele Parallelen zwischen den historisch überlieferten Aktionen der Sarmaten und den sagenhaften Heldentaten der Ritter der Tafelrunde gab. Die Skythen selbst hinterließen keinerlei schriftliche Aufzeichnungen, die Rückschlüsse auf ihre Kultur erlauben würden. Aber dafür die ersten Sattelbäume. Oder zumindest Fragmente davon.

Einen noch größeren Vorteil im Krieg zu Pferde boten Steigbügel. Anfangs bestanden sie lediglich aus einer Lederschlaufe, in die der ganze Fuß oder nur der große Zeh gesteckt wurde. Hier waren wiederum die Skythen die Vorreiter: Soweit wir wissen, waren sie die Ersten, die mit Steigbügeln ritten. Die Griechen hatten keine, und auch die Römer kamen erst viel später darauf. Die wegen ihrer Bogenschützen berühmten Hunnen verwendeten lederne Steigbügel, aber ihre Sättel hatten keine Bäume und ihre Bügel deswegen keine stabile Aufhängung.

Die Erfindung von Steigbügeln aus Metall und ihre Verbreitung in Europa führen Historiker auf die Alwaren zurück, ein zentralasiatisches Reitervolk, von dem nach seinem Untergang kaum andere Zeugnisse außer diesen Steigbügeln geblieben sind.

Die Erfindung der Steigbügel entwickelte auch das Reiten an sich weiter. Einerseits ermöglichten sie das Reiten im leichten Sitz, andererseits die Lanzengefechte der Ritter, die ohne die Stabilität, die Steigbügel einem Reiter geben, kaum möglich gewesen wären. Das Gleiche gilt für viele moderne Reitsportdisziplinen wie Springen oder auch die Westerndisziplinen Cutting oder Reining, bei denen der Reiter sich wegen der starken Seitwärtsbewegungen oder der schnellen Stopps seines Pferdes irgendwo abstützen muss.

Es liegt nahe, dass jeder Einsatz des Pferdes und jede Reitweise eine eigene Sattelart hervorgebracht hat, die jeweils ganz bestimmte Anforderungen erfüllen muss. So gibt es Springsättel, Dressursättel, Distanzsättel, Töltsättel, Wanderreitsättel, Militärsättel und natürlich Westernsättel, bei denen man jeweils wieder spezialisierte Unterarten findet.

In der heutigen Reiterei muss jede Art von Sattel zwei Ansprüchen genügen: Er soll einerseits den Pferderücken schonen, indem er das Gewicht des Reiters verteilt, und andererseits dem Reiter zu einem optimalen Sitz und der perfekten reiterlichen Einwirkung verhelfen. Die Meinungen darüber, wie diese beiden Ziele am besten zu erreichen sind, sind jedoch sehr unterschiedlich: Kriegerische Auseinandersetzungen auf dem Schlachtfeld werden heutzutage nur noch selten zu Pferde ausgetragen, aber über Pferde, Reiten und vor allem Sättel sind sie an der Tagesordnung. Ohne unsere Pferde hätten wir viel weniger Gesprächsstoff, über den wir leidenschaftliche Diskussionen führen können.

Ein Pferd kann nicht zwei Sättel tragen.
SPRICHWORT

Weil man mit Pferden besser jagen kann

Die allererste Beziehung, die Mensch und Pferd miteinander eingingen, war die von Jäger und Beutetier. Aus Höhlenmalereien der Steinzeit geht hervor, dass die Menschen der Frühzeit Pferde mit Speeren und Pfeilen gejagt haben. Diese alten Zeichnungen sind erstaunlich naturgetreu, was das Exterieur, die Gangarten und Farben der dargestellten Pferde angeht. Über ihre genaue Bedeutung wird bis heute viel diskutiert. Wahrscheinlich hatten sie einen kultischen Hintergrund und dienten dazu, die Beute zu beschwören und so für eine erfolgreiche Jagd zu sorgen.

Da dies wohl nicht immer hundertprozentig funktionierte und Pferde immer schon schneller und stärker als Menschen waren, ersannen die Steinzeitjäger eine Jagdmethode, mit der sie viele Tiere auf einmal und ohne kämpferische Auseinandersetzung töten konnten. Sie versetzten eine Pferdeherde in Panik und trieben sie auf einen Abhang zu, den die Tiere im Lauf hinunterstürzten, wobei sie sich das Genick brachen. Zumindest sind Archäologen zu dem Schluss gekommen, weil an den Füßen von Bergen oder in Schluchten häufig Massen von Pferdeknochen gefunden wurden.

Als der Mensch sich vom Jäger und Sammler zum sesshaften Ackerbauern entwickelte, begann er, Pferde zu halten und zu züchten – zuerst nur, um sich das Jagen zu ersparen und bequemer an sein Fleisch zu kommen, und nicht zum Reiten. Doch sobald der erste Mensch ein Pferd bestiegen hatte, dauerte es nicht lange, bis er es vom Beutetier zum Reittier machte und es einsetzte, um auf andere Tiere Jagd zu machen.

Jagdreiten hat also eine sehr, sehr lange Tradition und ist bis heute nicht ausgestorben, auch wenn es nicht mehr der Nahrungsgewinnung dient. Lange Zeit war dieser Zeitvertreib dem Adel vorbehalten – und dieser steigerte sich teilweise richtig hinein. Clemens August I. von Bayern zum Beispiel, der hauptberuflich eigentlich Erzbischof war, hielt sich im 18. Jahrhundert rund 300 Jagdpferde und 400 Hunde.

Pferde und Hunde hatte er aus England importiert, das bis heute die Hochburg des Jagdreitens ist. Dort wurden Hetzjagden mit Hunden auf lebendes Wild (meistens Füchse oder Hasen) erst 2005 verboten. Da die königliche Familie und der Adel die Hetzjagd mit den Argumenten des Traditions- und Arbeitsplatzerhalts befürworteten, hatten es Tierschützer in England besonders schwer, ein Verbot zu erreichen. Das House of Lords, dem die Vertreter des Adels angehören, kippte regelmäßig die entsprechenden Beschlüsse des Unterhauses. Erst mit der Unterstützung von Tony Blair gelang es, die Hetzjagden abzuschaffen – es war eines seiner Wahlversprechen. Er setzte sich mit einer äußerst selten angewandten Sondervollmacht durch, die dem Parlament erlaubt, ein Gesetz auch ohne Zustimmung des Oberhauses zu verabschieden.

In Deutschland sind Hetzjagden mit Hunden und Pferden auf lebendes Wild bereits seit 1934 verboten. Stattdessen hat sich die so genannte Schleppjagd durchgesetzt, bei der ein Reiter mit Hilfe eines Tropfkanisters eine Duftspur legt, die meist aus Fuchslosung, Pansenlauge oder Heringslake besteht. Hunde und Reiter geben dem Fährtenleger einen Vorsprung, bevor sie die Verfolgung aufnehmen. Bei dieser Art der Jagd stehen das Erlebnis eines gemeinsamen Ausritts und der reitsportliche Aspekt im Vordergrund. Meistens sind auf der Strecke mehrere natürliche Hindernisse zu überwinden.

Doch Jagdreiter sind nach wie vor sehr traditionsverbunden und legen großen Wert auf die Pflege ihrer ganz speziellen Rituale. Das fängt bei der Kleidung an – die Farben eines Jagdvereins weisen meistens auf seine adeligen Wurzeln hin – und hört auch nach der Jagd nicht auf. Bevor sie in den Alltag zurückkehren, feiern Jagdreiter erst einmal das so genannte Halali, bei dem die Hunde eine Belohnung bekommen (meistens einen Rinderpansen) und die Reiter auf dem Jagdhorn Halali blasen.

Was genau sie damit ursprünglich sagen wollten, ist nicht ganz klar. Die Erklärungsversuche reichen von den französischen Sätzen für »da liegt er (der Hirsch)« beziehungsweise »hetz ihm nach« bis hin zu einem in der menschlichen Sprache bedeutungslosen Ausruf, der nur dazu dient, die Hunde anzufeuern.

Vegetarier essen keine Tiere,
aber sie fressen ihnen das Futter weg.
ROBERT LEMBKE

Weil Ritter ohne Pferde
keine Ritter wären

Das Rittertum entstand, als germanische Könige sich im frühen Mittelalter eigene Reiterheere aus Gefolgsleuten aufstellten. Diese Gefolgsleute leisteten berittene Kriegsdienste im Austausch gegen Land und Güter, die ihnen von ihrem deshalb so genannten Lehnsherrn geliehen wurden. Daraus ergab sich als oberstes Gebot im ritterlichen Ehrenkodex die Treue des Ritters zu seinem Lehnsherrn.

Erst später, etwa ab dem 13. Jahrhundert, entwickelte sich der Ritter von einem Berufssoldaten zum Adeligen. Ab da konnte nicht mehr jeder Ritter werden, der das Geld für die entsprechende Ausrüstung hatte. Der Stand war erblich, man musste hineingeboren werden, um die Ausbildung vom Pagen und Knappen zum Ritter absolvieren zu können. Abgeschlossen wurde sie durch den Ritterschlag, der auf germanische Mannbarkeitsrituale zurückgeht, aber im Mittelalter nur noch in verkürzter Form ausgeführt wurde – hauptsächlich aus praktischen Gründen, denn oft kam es vor, dass nach einer Schlacht sehr viele erfolgreiche Kämpfer in den Ritterstand erhoben werden mussten und die Zeit für ausführlichere Rituale fehlte.

Seinen Höhepunkt erreichte das Rittertum zur Zeit der Kreuzzüge. Hier wurde auch der wohl berühmteste Ritterorden, der der Templer oder Tempelritter, gegründet – zum Schutz christlicher Pilger und heiliger Stätten. Um die Templer ranken sich viele Legenden und Verschwörungstheorien – vor allem auch aus dem Grund, weil unklar ist, wie und warum genau sie verboten wurden. Neben christlichem Gedankengut vertraten sie auch gnostisch-esoterische Lehren und Praktiken, und später erklärten sich die Freimaurer zu ihren offiziellen Nachfolgern. Wahrscheinlich waren die Gründe für ihr Verbot ganz banal:

Die Templer hatten zu viel Geld und Macht, die Regierenden fühlten sich durch sie bedroht, gierten nach ihrem Vermögen und enteigneten sie in einem Scheinprozess, der auf erfundenen Anschuldigungen beruhte. Unumstritten ist, dass die Templer außerordentlich gute Reiter waren und lange Zeit die klassische spanisch-portugiesische Reitkunst weitergaben.

Ritter bildeten ihre Pferde sehr sorgfältig aus, denn im Kampf waren sie ohne ihre Tiere verloren. Sie stellten ihre schlagkräftigste Waffe dar. Eigentlich wurden alle Lektionen der Hohen Schule, die heute nur noch zu Schauzwecken vorgeführt werden, dazu erfunden, mit den Pferden kämpfen zu können. Bei der Levade oder Pesade steht das Pferd auf den Hinterbeinen, sodass es mit seiner Vorhand den Gegner tödlich verletzen kann – besonders, wenn der sein Pferd schon verloren hat und vom Boden aus angreift. Beim Terre à Terre oder der Kurbette springt das Pferd mit beiden Hinterbeinen gleichzeitig ab und fußt mit den Vorderbeinen gleichzeitig auf: Diese Übung ermöglichte dem Ritter die beste Wendigkeit im Galopptempo. Dabei verlangt der Reiter manchmal von seinem Pferd auch, dass es mehrere Sprünge auf den Hinterbeinen macht, ohne zwischendurch mit den Vorderbeinen den Boden zu berühren. Die gefährlichste Lektion ist die Kapriole, bei der das Pferd in die Luft springt und mit den Hinterbeinen ausschlägt.

Ritter, die auf diese Weise kämpften, saßen meist auf spanischen Pferden. Spanien war im Mittelalter eine der größten Weltmächte, weshalb spanische Pferderassen am weitesten verbreitet waren. Viele benutzten jedoch auch große, schwere, kaltblutartige Pferde, denn ein Ritter konnte in voller Rüstung gut vierhundert Kilogramm wiegen – ein Gewicht, unter dem feingliedrig gebaute Tiere schlicht zusammengebrochen wären. Außerdem waren große, schwere Pferde kaum aufzuhalten, wenn sie im vollen Galopp auf den Gegner zustürmten. Die größte Pferderasse der Welt, das Shire Horse, und auch das Clydesdale Horse, das heute vor allem noch in Neuseeland außerordentlich beliebt ist, wurden sozusagen als Kampfpferde gezüchtet.

Manchmal trugen die Pferde ähnlich schwere Rüstungen wie ihre Reiter. Das ganze Tier steckte vom Kopf bis zum Schweif, einschließlich Augen und Ohren, in einem Panzer, der teils aus Platten und teils aus beweglichen Kettenhemden bestand. Selbst der Sattel war gepanzert, die Zügel wurden durch Eisenbeschläge vor Schwerthieben geschützt. Vollständig ausgerüstet konnten sich die Ritter nur noch eingeschränkt bewegen. Deshalb hatte jeder von ihnen einen Knappen dabei, der ihm helfen musste, auf sein Pferd zu kommen.

Ohne Zweifel war der Job eines Ritters unbequem und gefährlich, aber das hohe Ansehen und die Verehrung, die man ihnen entgegenbrachte, ließen den Stand attraktiv erscheinen. Von Rittern wird gesagt, dass sie sich in Selbstbeherrschung und adeliger Coolness übten, als selbstlose Beschützer von Schwachen unterwegs waren und ihnen zur Gerechtigkeit verhalfen. Sie handelten fair und edel, besangen die mittelalterlichen Frauen, dienten ihnen und verteidigten bei Bedarf ihre Ehre – Vorzüge, die diese sicher zu schätzen wussten. Doch wahrscheinlich hätten sie die Ritter schon wegen deren Pferde geliebt. Ritter waren sozusagen die Vorfahren der Cowboys.

Über die Reiterei der Ritter
ist viel Unsinn geschrieben worden.
BENT BRANDERUP, »AKADEMISCHE REITKUNST«

Weil es ohne Pferde den
Wilden Westen nie gegeben hätte

In Amerika gab es schon Pferde, bevor die Menschen dort ankamen. Das kleine Urpferd Eohippus ist zuerst aus Nordamerika überliefert und wanderte von dort aus über eine Landbrücke im Gebiet des heutigen Beringmeeres nach Eurasien ein. In der Alten Welt starb es dann aus ungeklärten Gründen erst einmal wieder aus, als die Landbrücke überflutet war, in der Neuen Welt entwickelte es sich aber weiter. Es wurde größer, veränderte die Form von Gebiss und Kopf, vollzog den Schritt vom Laub- zum Grasfresser, verlor eine Zehe nach der anderen und wurde allmählich zum Einhufer.

Mehrere Entwicklungsstufen des Pferdes wanderten immer wieder nach Eurasien ein, sie überlebten jedoch nie. Erst als das Pferd in seiner heutigen Form entstanden war und wieder einmal die Landbrücke in die Alte Welt überquerte, konnte es dort überleben, starb jedoch in Amerika aus. Der Grund dafür ist nicht bekannt – eine Klimaveränderung scheint genauso unwahrscheinlich wie die Theorie, dass die indianischen Ureinwohner die Pferde ausrotteten, indem sie Jagd auf sie machten.

Es dauerte bis zum 16. Jahrhundert nach Christus, dass Pferde in Amerika wieder heimisch wurden. Bei seiner zweiten Reise nach Amerika im Jahre 1493 brachte Christoph Kolumbus etwa dreißig Pferde nach Hispaniola, das heutige Haiti. Andere spanische Entdecker wie Hernan Cortes oder Hernando Sotos brachten immer wieder Pferde nach Amerika mit, ließen aber nicht genug zurück, als dass sie sich hätten verbreiten können.

Das geschah erst, als Juan de Onate eine Siedlung in der Nähe von Santa Fe in New Mexico gründete und dort Pferdezucht und -handel betrieb. Von hier entlaufene Tiere – teilweise wurden sie auch von verschiedenen Indianerstämmen gestohlen – vermehrten sich in Freiheit auf dem ganzen Kontinent. Aus ihnen entwickelten sich die heutigen Mustangs, die in einigen Gebieten Amerikas immer noch wild und ungezähmt leben. Im Laufe der Besiedelung des amerikanischen Kontinents brachten die Europäer immer mehr Pferde verschiedenster Rassen mit: Araber, Berber, englische Vollblüter und nordische Pony- und Kaltblutrassen. Da die Spanier, Franzosen und Engländer den Großteil der Siedler ausmachten, dominierten jedoch vor allem iberische Rassen: Aus dieser Mischung entstand im Laufe der Zeit das amerikanische Quarter Horse. Wie fast alle Erfindungen aus Amerika hat es äußerst erfolgreich die ganze Welt erobert: Heute gibt es mehr Quarter Horses auf der Welt als Pferde von irgendeiner anderen Rasse. Und mit ihrer Hilfe – reitend und Planwagen ziehend – drangen die Siedler von der Ostküste ins Landesinnere vor, bis 1890 mit der Erschließung der Westküste die Besiedelung Amerikas offiziell als abgeschlossen erklärt wurde.

Die Blütezeit des Wilden Westens kam nach dem Ende des Bürgerkriegs. Dafür, dass sie das Bild Amerikas so nachhaltig geprägt hat, dauerte sie nur relativ kurz, etwa von 1865 bis 1890, dann war die Zeit der großen Viehtriebe, die den Cowboy hervorbrachten, auch schon vorbei. Der Grund, warum Ende des 19. Jahrhunderts Cowboys Zigtausende von Kühen quer durchs Land trieben, war ganz einfach, dass man die Bevölkerung in den abgelegenen und eher dünn besiedelten Gebieten des Südwestens mit frischem Fleisch versorgen wollte.

Fast den ganzen Tag saßen die Cowboys im Sattel, übernachteten bei jeder Witterung im Freien und hatten wenig Möglichkeiten, Regen, Hagel, Insektenschwärmen oder Sandstürmen zu entgehen – es sei denn, sie suchten unter ihren Pferden und Sätteln Schutz, die ihnen bisweilen auch als Brustwehr gegen Kanonenkugeln dienten. Sie hatten nur das Wasser zu trinken, das sie in den Flüssen unterwegs vorfanden: Viele von ihnen litten unter Alkali-Vergiftungen. Außerdem waren sie ständig Angriffen von Indianern, weißen Viehräubern und wilden Tieren wie Bären, amerikanischen Berglöwen, Wölfen und Kojoten ausgesetzt und mussten sich davonstürmenden Kühen in den Weg stellen – nicht wenige ließen dabei ihr Leben. Dazu kommt, dass die Bezahlung äußerst schlecht war.

Warum also erscheint das Leben eines Cowboys auch noch den heutigen zivilisationsverwöhnten Menschen so attraktiv? Weil ihre Lebensweise allen Unbequemlichkeiten zum Trotz so naturverbunden war? Weil ihr Leben einfach war und ihr Ehrenkodex ihnen eindeutig vorschrieb, was sie tun, sagen oder denken sollten? Weil sie frei und absolut ungebunden waren? Der texanische Schriftsteller Larry McMurtry, Autor des Bestseller-Westerns *Lonesome Dove*, hat erklärt, die vielgerühmte Freiheit eines Cowboys habe lediglich darin bestanden, seinen miserablen Job jederzeit kündigen und gegen einen anderen, genauso miserablen austauschen zu können. Für unsere Faszination bleibt also nur ein Grund: ihre Pferde. Sein Pferd war das Wichtigste im Leben eines Cowboys: Arbeitspartner, Freund und Gefährte.

I couldn't believe you could ride horses all day,
following cattle around out there,
and somebody would pay you.
RAY HUNT

GRUND NR. 7

Weil man mit Pferden Kühe (und Schafe) hüten kann

Auf die Idee, mit Pferden Kühe zu hüten, kamen nicht erst die US-amerikanischen Cowboys. Es waren die Vaqueros, die Rinderhirten Spaniens, die die Doma Vaquera, ihren dafür entwickelten Reitstil, und ihre speziell dafür gezüchteten Pferde mit nach Amerika brachten. Beides – Reitweise und Pferde – kamen in Spanien und Portugal auch beim Stierkampf zum Einsatz.

Im Gegensatz zu heute war die Viehhaltung früher in der Regel extensiv, das heißt, auf größeren Flächen gab es weniger Tiere. Den Herden standen ausgedehnte Weiden zur Verfügung, auf denen das Gras nur spärlich wuchs: Um genügend Nahrung zu sich zu nehmen, mussten die Tiere fast den ganzen Tag fressen. Zudem war das Gras nicht so energiereich wie die Sorten, die heute auf Kuh- und Pferdeweiden wachsen und speziell für die moderne Landwirtschaft und ihre Hochleistungsrinder gezüchtet wurden. Kühe, die auf großen Flächen in weiter Entfernung von ihren Besitzern weideten, musste man beaufsichtigen oder zusammentreiben – um sie auszusortieren, zu impfen oder zu schlachten. Für diese Arbeit mussten die Hirten oft 16 Stunden oder mehr im Sattel verbringen. Sie brauchten also einen Reitstil, der so bequem wie möglich und nicht anstrengend war – eine so genannte Gebrauchsreitweise, die einem bestimmten Zweck dient, in diesem Fall eben dem Rinderhüten. Und vor allem benötigten sie ein Pferd, das ihnen bei der Arbeit half, mitdachte und mitarbeitete. Deshalb wählten sie für die Zucht Tiere aus, die Cowsense besaßen – einen Sinn für Kühe, der vererbbar ist, aber auch zufällig bei jedem Pferd auftreten kann.

Was genau das ist, findet man heute am besten heraus, wenn man ein Turnier für Westernreiter besucht, bei dem so genannte Cutting- oder Working-Cowhorse-Wettbewerbe stattfinden. Beim Cutting trennen Pferd und Reiter ein Rind von seiner

Herde und verhindern, dass es zu ihr zurückkehrt. Dabei soll das Pferd selbstständig und ohne reiterliche Einwirkung dafür sorgen, dass die Kuh nicht zur Herde zurückläuft, sobald es erkannt hat, welches Rind ausgesondert wurde. Dazu muss es sehen, in welche Richtung die Kuh ausweichen will, und dann blitzschnell reagieren, indem es sich ihr in den Weg stellt. Bei der Disziplin Working Cowhorse muss der Reiter – natürlich vom Pferd aus – die Kuh in verschiedene Richtungen dirigieren, und beim Roping, bei dem es wiederum Varianten wie Team-Roping und Ranch-Roping gibt, fängt der Reiter mit dem Lasso Kühe vom Pferd aus ein. Früher hatte jeder Cowboy stets ein Seil am Sattelhorn hängen, heute gibt es – ähnlich wie Hutschachteln für Westernhüte – spezielle Handtaschen für Lassos. Die so genannte Working Equitation vereinigt in ihren Teildisziplinen alle Aspekte der traditionellen südeuropäischen Arbeitsreitweisen.

In manchen Ländern, vor allem in Nord- und Südamerika, werden Pferde noch heute benutzt, um Kühe zu hüten. Oder auch Schafe, Ziegen oder andere Tiere. Obwohl man von Cowsense spricht, reagieren Pferde mit dieser Eigenschaft genauso gut auf andere Tierarten. Oder auch auf Menschen, die zu Trainings- oder Demonstrationszwecken bei den Westernreitern Kuh spielen. Ähnlich wie Border Collies sind Pferde mit Cowsense einfach wild aufs Hüten; sie treiben praktisch alles zusammen, was sich irgendwie bewegt. Manche US-amerikanische Cowboys betrachten es jedoch als erniedrigend, andere Tiere als Kühe zu hüten.

But there were two things they agreed upon
wholly and that were never spoken and that was
that God had put horses on earth to work cattle and
that other than cattle there was no wealth proper to a man.
CORMAC MCCARTHY, »ALL THE PRETTY HORSES«

Weil Pferde Äcker pflügen

Die Landwirtschaft war früher der größte Arbeitgeber für Pferde. Als sie hierfür im Zuge der Motorisierung überflüssig wurden, verringerte sich die Zahl der in Deutschland lebenden Pferde innerhalb von nur zwanzig Jahren, zwischen 1950 und 1970, von eineinhalb Millionen auf eine Viertelmillion.

Bevor die Dampfmaschine und später der Verbrennungsmotor erfunden wurden, waren Pferde für fast alles zuständig, nicht nur fürs Pflügen: Sie brachten Menschen von A nach B, trieben ihre Mühlen an, karrten ihre Bodenschätze aus Bergwerken heraus. Und obwohl moderne Maschinen die meisten Arbeiten schneller, billiger und effizienter erledigen – und die Maschinen den Pferden vor allem viel Leid und Schinderei ersparen –, haben diese beim Pflügen der Äcker gewisse Vorteile. Befährt ein Landwirt sein Feld mit schweren Traktoren und Erntemaschinen anstatt mit einem Pferdegespann, leidet der Acker. Das Gewicht der Fahrzeuge verdichtet den Boden, versiegelt ihn im Extremfall. Das hat zur Folge, dass Pflanzen schlechter wachsen und Regenwasser nicht mehr versickert, sondern abfließt, was wiederum Hochwasser und Überschwemmungen begünstigt. Fährt ein Bauer seine Ernte mit Pferden ein statt mit Mähdreschern, kommen auch keine Rehkitze ums Leben.

Anstatt ihre Pferde für die Feldarbeit einzusetzen, verdienen Landwirte heute auf andere Weise mit ihnen Geld. Auf vielen Bauernhöfen gibt es nach wie vor Pferde, obwohl sie dort keine Arbeit mehr verrichten. Als es wegen der Maschinisierung im 20. Jahrhundert vor allem für kleine und wenig spezialisierte Höfe immer schwieriger wurde, sich mit Landwirtschaft einen angemessenen Lebensunterhalt zu erwirtschaften, entdeckten Bauern die Pensionspferdehaltung für sich. Sie profitieren davon, dass Pferdehaltung in Städten verboten ist und alle Pferdebesitzer ihre Tiere deshalb irgendwo auf dem Land unterbringen müssen.

Für manche Landwirte ist Pferdehaltung nur ein Nebengeschäft, mit dem sie einen leer stehenden Kuh- oder Schweinestall nutzen. Andere haben die Landwirtschaft gleich ganz aufgegeben, ihre Höfe umgebaut und sich vollends auf Pferdehaltung spezialisiert. Landwirte verfügen über einen großen Vorteil: Sie benötigen keine zusätzliche Erlaubnis und keinen Qualifikationsnachweis, um mit Pferdehaltung ihr Geld zu verdienen.

Hierin liegt allerdings zugleich ein Problem: Pferdebesitzer, die ihr Tier auf einem bäuerlichen Betrieb untergebracht haben, sind Umfragen zufolge unzufriedener mit dem Stallbetreiber als diejenigen, die ihre Tiere in Sportställen oder reinen Pferdebetrieben stehen haben. Denn da Pferde schon seit Anfang des letzten Jahrhunderts allmählich aus der Landwirtschaft verschwanden, fehlt vielen Bauern heute das nötige Wissen, sie artgerecht zu halten und zu versorgen. Sie erkennen zum Beispiel oft nicht, wenn die ihnen anvertrauten Tiere krank sind, was bei einer Kolik schnell tödlich enden kann. Auch bedenken viele Landwirte nicht, dass ein ehemaliger Kuh- oder Schweinestall die Bedürfnisse von Pferden ganz und gar nicht erfüllt, sondern in der Regel zu niedrig, zu dunkel und zu schlecht belüftet ist. (Ob sich Kühe und Schweine in solchen Ställen wohlgefühlt haben, ist zweifelhaft, doch danach fragt selten jemand.) Landwirte betrachten die Pferde in ihren Ställen oft als Nutztiere und sind aufgrund ihres jahrelangen Überlebenskampfes als Landwirte auf Erwerbsmaximierung fixiert. Die Wenigsten sehen sich als Dienstleister für Pferdebesitzer. Wenn die Landwirte nicht aufgehört hätten, ihre Felder mit Pferden zu bestellen, hätten Landwirte und Pferdehalter heute auch nicht das Problem, dass sie sich über die richtige Haltung auseinandersetzen müssen.

Doch vielleicht ändert sich das bald. Blicken wir in die Schweiz: Dort stellt das Bundesamt für Landwirtschaft Subventionen für Landwirte, die Pferdehaltung anbieten, bereit, wenn sie sich bemühen, ihre Anlagen pferdefreundlicher und artgerechter zu gestalten. Die entsprechenden Programme tragen die Namen BTS (besonders tierfreundliche Stallhaltungssysteme) und RAUS (regelmäßiger Auslauf von Pferden im Freien).

Als die Bauern aufhörten, ihre Äcker mit Pferden zu pflügen, ging viel wichtiges Wissen um Pferdehaltung, ihre Gesundheit und die richtige Behandlung verloren. Und selbst wenn das Schweizer Vorbild Schule macht und die Bauern neu lernen, was die Tiere brauchen, wird es trotzdem bald sehr viel weniger Spitzenreitsportler geben, die von sich behaupten können, auf dem bäuerlichen Familienhof mit dem angesammelten Pferdewissen von Generationen groß geworden zu sein.

Leicht kann der Hirt eine ganze Herde Schafe vor sich hintreiben,
der Stier zieht seinen Pflug ohne Widerstand; aber dem edeln Pferde,
das du reiten willst, musst du seine Gedanken ablernen,
du musst nichts Unkluges, nichts unklug von ihm verlangen.
JOHANN WOLFGANG VON GOETHE, »EGMONT«

Weil Pferde auch dort hinkommen, wo Autos verloren sind

Obwohl ein Auto über viel mehr PS verfügt als ein Pferd, bleibt es dort öfter stecken, wo Pferde problemlos vorwärtskommen – im Schnee, im Matsch, auf Eisflächen, in lockerem Kies oder in tiefer Erde. Eigentlich überall dort, wo das Gelände unwegsam wird, auf jeden Fall aber im Gebirge oder im Wald sind Pferde als Fortbewegungsmittel Autos (und Fahrrädern) haushoch überlegen.

In Island zum Beispiel gab es bis ins 20. Jahrhundert hinein überhaupt kein ausgebautes Straßennetz, sondern lediglich ein paar Hauptstraßen, mit denen man wichtige Städte und zentrale Punkte der Insel erreichen konnte, aber längst nicht jeden Ort. Und das auch nur, wenn die Straßen nicht gerade wegen eines Vulkanausbruchs, Schneefalls, Eis oder Starkregen unbefahrbar waren. Fast jeder, der in Island nicht in einer der wenigen Großstädte wohnte, benutzte deshalb Pferde als Transportmittel.

Islandpferde gelten als besonders trittsicher und können nicht nur Autos, sondern manchmal auch andere Pferde abschleppen: So manch ein nervöses Großpferd, das nichts anderes als seine Box und die Halle kennt, bekommt im Gelände Angst und bleibt stecken – nicht, weil es nicht weiter könnte, sondern weil es scheut und nicht weiter will. Dann hilft es am besten, wenn ein Tier mit Geländeerfahrung vorangeht. Manchmal hat der Besitzer eines Islandpferdes – besonders dann, wenn es sich um ein importiertes handelt, das auf der Insel aufgewachsen ist – allerdings das Problem, dass es im Gelände gar nicht mehr stehen bleiben will. Angeblich soll das daran liegen, dass es in Island keine Straßen gibt: Die Tiere sind es nicht gewohnt, irgendwo anhalten zu müssen. Der menschliche Isländer stieg einfach auf sein Tier, gab ihm einmal die Hilfe zum Antölten, und das Pferd lief immer weiter, bis es am Ziel ankam. In Ländern wie den USA, Kanada oder Australien ist es schon wegen ihrer extremen Größe nicht möglich, ein flächendeckendes Straßennetz zu errichten oder alle Orte durch öffentliche Verkehrsmittel wie Bahnen oder Busse zu verbinden. Auch hier sind Pferde immer noch als Transportmittel im Einsatz. Erst im Juli 2009 habe ich es erlebt, dass an einer Tankstelle in Abilene, Texas, gegenüber von einem Restaurant inmitten lauter LKWs ein Pferd angebunden war und gesattelt und getrenst darauf wartete, dass sein Reiter vom Essen zurückkehrte.

Ein Einsatzgebiet, auf dem Pferde heute vielfach wieder die Autos verdrängen, von denen sie in den 60er Jahren ersetzt wurden, ist das Bäumerücken im Wald. Wenn man mit Motorkraft einen gefällten Baum zum nächsten Weg zieht, richten die Autos an den empfindlichen Waldböden und den in der Nähe befindlichen Bäumen einfach zu viel Schaden an. Sie haben im Wald ungefähr die gleiche Wirkung wie ein Elefant im Porzellanladen, beschädigen Wurzeln und brechen Äste ab. Die so genannten Rückepferde dagegen können einen gefällten und entästeten Baumstamm viel besser um die anderen Bäume herum und zwischen ihnen hindurch manövrieren. Auch andere Waldbewohner fühlen sich durch sie nicht gestört.

Früher wurden einige Kaltblutrassen speziell für diese Arbeit gezüchtet. Ein gut ausgebildetes Rückepferd reagiert allein auf Stimmenkommandos und lässt sich präzise in jede Richtung dirigieren. Eigentlich ist es verwunderlich, dass noch keiner Bäumerücken als Turnierdisziplin entdeckt hat.

Du lernst den Baum kennen,
wenn du dich an ihn lehnen willst.
SPRICHWORT AUS ZAÏRE

Weil Pferde stark sind

Ein Pferd verfügt über mehr als ein PS, zumindest wenn es sich anstrengt, sonst könnte kein Pferd einen Baumstamm fortbewegen, auch ein Kaltblut nicht. Das Gewicht, das Pferde ziehen können, ist mehr als doppelt so hoch wie das, welches sie auf ihrem Rücken zu tragen vermögen.

Obwohl es heißt, dass jedes Pferd ungefähr sein eigenes Gewicht ziehen kann, sind Kleinpferderassen wie Isländer oder Haflinger in der Regel stärker oder zumindest insgesamt leistungsfähiger als manche Tiere, die sie an Körpergröße überragen. Gut trainierte Shetlandponys können zum Beispiel das Zwanzigfache ihres eigenen Gewichts ziehen. Die Körper von Kleinpferden arbeiten effektiver: Manche fangen zum Beispiel bei Belastung nicht an zu schwitzen, sondern sie geben die entstehende Körperwärme ab, indem sie schneller atmen, ähnlich wie Hunde, die bei Hitze hecheln.

Grubenpferde, die bis in die 70er Jahre hinein zum Abbau von Bodenschätzen im Bergbau missbraucht wurden und unter Tage ein ganz und gar nicht artgerechtes Leben führen mussten, gehörten auch den Pony- und Kleinpferderassen an. Um große Tiere einzusetzen, waren die Schächte in den Bergminen natürlich viel zu niedrig. Trotzdem arbeitete ein Grubenpferd im Durchschnitt dreitausend Stunden im Jahr und zog dabei dreitausend Tonnen Kohle über eine Distanz von fast fünftausend Kilometern.

Auf jeden Fall ist ein Pferd immer stärker als ein Mensch. Kommt es zu einem direkten Kräftemessen, ist das Pferd stets überlegen. Aber zum Glück wissen die meisten Pferde das nicht und lassen sich vom Menschen gefallen, dass er ihnen sagt, was sie tun sollen. Dass Pferde so stark und gleichzeitig so gutmütig und arbeitswillig sind, ist auch der Grund, warum Menschen sie immer schon für ihre Zwecke einsetzten.

In den Kriegen der alten Reitervölker oder der Römer legten die Pferde mit ihren Soldaten ähnlich lange Strecken zurück, wie sie von heutigen Distanzpferden im Hochleistungssport gefordert werden. Ein Pferdetrainer namens Kikkuli, der im 15. Jahrhundert vor Christus gelebt hat (die Berufsbezeichnung stammt aus seiner eigenen Feder), verfasste einen Trainingsleitfaden, in dem er beschrieb, wie Pferde gefüttert, gehalten, gepflegt und trainiert werden müssen, damit sie es schaffen, in sieben Nächten 1000 Kilometer zu laufen.

Beim Pony-Express, der berühmtesten Postreiterstaffel, die 1860 die schnellste Postverbindung in den USA war, legten die Reiter mit ihren Pferden eine Strecke von 3200 Kilometern in zehn Tagen zurück – allerdings wurden Reiter und Pferde zwischendrin mehrmals ausgewechselt. Wer beim Pony-Express arbeiten wollte, durfte nicht mehr als sechzig Kilo wiegen und das 18. Lebensjahr noch nicht überschritten haben. Obwohl sie häufig von Indianern überfallen wurden, durften die Kurierreiter nicht bewaffnet sein. Viele von ihnen kamen bei der Arbeit ums Leben, weshalb der Pony-Express lieber ungebundene Männer, gerne auch Waisenkinder, beschäftigte. Der Bekannteste unter diesen Reitern war Buffalo Bill, der den Pony-Epress später in die Aufführungen seiner Wildwest-Show aufnahm.

Wild horses couldn't drag me away …
ROLLING STONES, »WILD HORSES«

Weil die Motorleistung bis heute in PS gemessen wird

Wenn Autoliebhaber sich über die Leistung ihrer Fahrzeuge austauschen, reden sie noch heute von Pferdestärken. Dabei wurde PS als Einheit zur Leistungsmessung bereits 1978 offiziell abgeschafft und durch Watt ersetzt. In der Autowerbung darf es heute nur noch als Zusatzangabe zu Kilowatt genannt werden. Vielleicht sind Automarken wie Ferrari und Mustang auch deshalb dazu übergegangen, Pferde in ihrem Markenlogo zu führen. Doch wie die Bezeichnung Kalorien, die es ja eigentlich auch nicht mehr gibt, hält sich die Angabe in PS hartnäckig, vermutlich wegen ihrer Bildhaftigkeit. (Übrigens entspricht ein PS laut Umrechnungstabelle einem Verbrauch von 632,415 Kilokalorien pro Stunde.) Denn wer assoziiert schon unter Watt etwas, das Kraft ausstrahlt? Wenn man dagegen bei einem Auto von 200 PS spricht, kann man sich lebhaft vorstellen, welche Kraft das bedeutet, auch ohne zu wissen, dass ein PS umgerechnet ungefähr einem dreiviertel Kilowatt entspricht.

Früher bezeichnete der Begriff Pferdestärke die durchschnittlich nutzbare Dauerleistung eines Arbeitspferdes – obwohl diese natürlich stark vom jeweiligen Tier abhängt, von seinem Alter, seinem Trainings- und Futterzustand, von seiner Rasse und noch etlichen anderen Faktoren. Dabei hat die Leistungsfähigkeit eines Pferdes wenig mit seiner Größe zu tun: Aufgrund ihrer besonderen Art der Muskelverteilung und des Muskelaufbaus sind es oft gerade kleine Rassen wie Isländer, Haflinger oder Shetlandponys, die sich als stärker und leistungsfähiger als Großpferde erweisen – und das nicht nur im Verhältnis zum Eigengewicht, das sie tragen oder ziehen können.

Die Leistung eines Pferdes objektiv zu messen wird außerdem dadurch erschwert, dass Pferde – besonders kleine – nicht immer willens sind, ihre volle Leistungskraft einzusetzen. Manche Ponys besitzen tatsächlich den Dickschädel, der ihnen so oft nachgesagt wird. Allerdings haben Großpferde mitunter genau solche Dickschädel, und schließlich kommt es ganz auf die Sichtweise an: Ist es nicht viel klüger von einem Pferd, seine Kräfte zu schonen, wenn es von der Aufgabe, die sein Reiter sich ausgedacht hat, nicht überzeugt ist? Schließlich sind manche Übungen ja auch wirklich völlig unsinnig – und das nicht nur aus Pferdesicht.

Vielleicht hat auch das Pferd, das James Watt einst beobachtete, um die Leistung seiner Dampfmaschinen besser beschreiben zu können, seine Kräfte geschont und nur halbherzigen Einsatz gezeigt. Verwunderlich wäre es nicht, denn es hatte einen äußerst langweiligen Job: Watt suchte sich eine von einem Pferd betriebene Mühle aus und berechnete, welche Kraft das Pferd einsetzte und wie viele Umläufe es pro Stunde schaffte.

Heutzutage werden Pferde zwar nicht mehr gebraucht, um Mühlen anzutreiben, aber stundenlang im Kreis laufen müssen sie mitunter trotzdem, dank einer der neuesten Errungenschaften der modernen Pferdehaltung: der so genannten Führmaschine. Eine Führmaschine treibt die Pferde ähnlich wie ein Quirl oder eine Wassermühle mit fächerartigen Partitionen einen kreisförmigen Ring entlang, wobei die Richtung und die Geschwindigkeit verstellbar sind. (Wenigstens ist der Durchmesser des Kreises wohl größer als der einer Mühle.) Anfangs war diese Erfindung Hochleistungspferden im Spitzensport, vor allem Rennpferden, vorbehalten. Führmaschinen waren dazu gedacht, die Kondition der Tiere zu verbessern. Aber inzwischen sind sie weit verbreitet und auch in manchen Freizeitställen zu finden, in denen die Pferdebesitzer nicht genügend Zeit oder Platz haben, um ihren Pferden so viel Auslauf und Bewegung zu verschaffen, wie diese brauchen. Pferde in Führmaschinen statt auf Koppeln mögen dem gesunden Menschenverstand ähnlich pervers vorkommen wie Menschen, die mit dem Auto ins Fitness-Studio fahren – aber wahrscheinlich sind die Vierbeiner mit dieser Art von Bewegungstherapie glücklicher als mit einer ununterbrochenen

Boxeneinzelhaft. Schließlich gehen manche Menschen auch gerne ins Fitness-Studio. Vielleicht würden Pferde Führmaschinen sogar freiwillig aufsuchen – wie Hamster ihre Laufräder.

Doch zurück zum Auto: Kaum ein Reiter kann darauf verzichten. Ohne Fahrzeug würden die meisten gar nicht zu ihren Pferden kommen. Da Pferdehaltung in Wohngebieten nicht erlaubt ist, befinden sich die Ställe oft ziemlich weit außerhalb und sind eher schlecht mit öffentlichen Verkehrsmitteln zu erreichen. Und natürlich transportieren Reiter ihre Pferde mit Autos und entsprechenden Anhängern überallhin – zu Turnieren, in Kliniken, zu Zuchtstationen. Dafür gibt es inzwischen Überwachungskameras, mit denen der Fahrer die Tiere im Blick behalten kann. Manche dieser Kameras signalisieren dem Fahrer außerdem, ob er pferdeschonend fährt, oder sie legen ihm sogar Verbesserungen für seinen Fahrstil nahe. Und nicht zuletzt preisen die Hersteller sie als Einparkhilfe an – worauf echte PS-Fanatiker wahrscheinlich eher gekränkt reagieren.

Nur echte Reiter schnalzen,
um ihrem Auto einen Berg hinauf zu helfen.
REITERSPRUCH

44

KAPITEL 2

Das Pferd in der Wirtschaft

Früher hat das Pferd für den Menschen gearbeitet.
Heute arbeitet der Mensch für das Pferd.
CHRISTOPH RIESER, SATTLER, GOLDSCHMIED UND
ERFINDER DES EQUISCAN-PFERDERÜCKENTOPOGRAFS

Weil Pferde Arbeitsplätze schaffen

Arbeitsplätze?«, werden manche unter Ihnen – besonders Eltern – vielleicht fragen. »Wieso Arbeitsplätze? Unsere Tochter erledigt das Ausmisten doch umsonst.« In der Tat gibt es für die meisten Mädchen im Alter zwischen sechs und 16 Jahren keine schönere Beschäftigung am Samstag- und Sonntagmorgen, als sich in einem Stall aufzuhalten und beim Füttern und Ausmisten zu helfen – und bei allen anderen Arbeiten, die rund ums Pferd anfallen, zum Beispiel beim Putzen und Auf- und Absatteln.

Anders als in vielen Pferdebüchern zu lesen ist, bekommen die meisten von ihnen keinerlei Gegenleistung dafür, wie etwa kostenlose Reitstunden. Dazu gibt es einfach zu viele Mädchen, die sich darum reißen, im Stall zu helfen, ganz einfach, um in die Nähe der geliebten Tiere zu kommen, um sie zu sehen, zu riechen und vielleicht sogar mal eines führen, anfassen oder putzen zu dürfen. Das Zusammensein mit Pferden ist ihnen Belohnung genug, und so geht es ihnen ähnlich wie den Arbeitern im 18. und 19. Jahrhundert, bevor es Gewerkschaften gab: Solange es genügend Arbeitskräfte gibt, die die Arbeit für weniger Geld oder – wie in diesem Fall – sogar umsonst machen, bestehen kaum Aussichten auf eine angemessene Entlohnung.

Vielleicht bekommen die Mädchen auch deswegen keinen Lohn, weil sie aus Sicht vieler Stallbetreiber und Reitvereine zwar viel Begeisterung mitbringen, aber oft nicht das nötige Fachwissen. Schon Ausmisten ist viel komplizierter, als es aussieht. Mit bloßem Dreckwegschaufeln ist es bei Weitem nicht getan, ganz zu schweigen von den Tätigkeiten am Pferd direkt: Einfache Fehler können schwere Schäden nach sich ziehen. Die Mädchen müssen also erst mal angelernt und einige komplizierte Versicherungsfragen geklärt werden. Deswegen wäre es manchen Stallbetreibern vielleicht sogar lieber, wenn die Mädchen ganz wegbleiben würden, damit sie ihre ordnungsgemäß angestellten und ausgebildeten Fachkräfte nicht bei der Arbeit stören. Zum Glück sind – abgesehen von den Schulferien, die viele Mädchen ebenfalls am liebsten im Stall verbringen – jeweils nur zwei Tage Wochenende. Irgendjemand muss die Pferde auch unter der Woche versorgen, wenn die Mädchen in der Schule festgehalten werden und nicht zum Ausmisten kommen können. Und schließlich können selbst am Wochenende andere lästige Verpflichtungen wie Familienbesuche dazwischenkommen.

Trotz der unentgeltlich Arbeitenden verursachen Pferde noch genügend Arbeit, um zahlreichen erwachsenen Menschen – unter ihnen sind übrigens die männlichen interessanterweise in der Überzahl, genauso wie bei den Profireitern im Spitzensport – Vollzeitstellen zu sichern. Vielen Tätigkeiten rund ums Pferd wären die jungen Mädchen auch gar nicht gewachsen. Zum Beispiel wenn Traktoren ins Spiel kommen. Irgendjemand muss ja den großen Misthaufen, der sich dank der fleißigen Helfer angehäuft hat, von Zeit zu Zeit wegbringen. Oder ab und zu den Boden in der Reithalle oder auf dem Außenplatz mit einem großen Rechen, einem Bahnplaner, abziehen, wie oft die Reitschüler ihn nach den Stunden auch brav mit dem Handrechen beackert haben. Diese Arbeit bleibt meist professionellen Pferdepflegern, Profireitern, Reitlehrern oder Stallbetreibern überlassen.

Statistisch gesehen schaffen drei bis vier Pferde einen Arbeitsplatz. In den 50er und 60er Jahren, als das Pferd endgültig aus der Landwirtschaft verschwand, hatte die Zahl der Pferde in Deutschland zwar einen Tiefstand erreicht, aber durch das zunehmende Interesse am Pferdesport als Freizeitbeschäftigung stieg sie in den 70ern wieder stark an und ist seitdem kontinuierlich gewachsen. Heute gibt es in Deutschland über eine Million Pferde und Ponys; weltweit sind es mehr als 60 Millionen. Laut der FN, der Deutschen Reiterlichen Vereinigung, verdienen in Deutschland demnach mehr als 300 000 Menschen ihren Lebensunterhalt durch Pferde, davon zwischen 7000 und 10 000 mit Reitunterricht oder Pferdetraining.

Damit wird auch gerne argumentiert, wenn Politiker auf kommunaler Ebene – was in regelmäßigen Abständen immer wieder vorkommt – versuchen, die Einführung einer Pferdesteuer durchzusetzen. Bisher müssen Pferdebesitzer im Gegensatz zu Hundebesitzern nämlich keine Steuern für ihre Haustiere zahlen – ein Überbleibsel aus der Zeit, in der das Pferd ein landwirtschaftliches Nutztier war. Vielleicht sollten Hundebesitzer einfach mal eine Studie durchführen lassen, wie viele Arbeitsplätze ein Hund im Durchschnitt schafft, und dann einen Antrag auf Steuerfreiheit im Gemeinderat einreichen. Ohne Zweifel steht jedoch fest, dass am Reitsport tatsächlich Tausende von Arbeitsplätzen und ganze Industrien hängen, auch wenn Pferde in Deutschland – anders als zum Beispiel in den USA – nicht zu den drei größten Wirtschaftszweigen gehören.

Die Arbeit eines Cowboys ist niemals getan.
SPRICHWORT

Weil Hufschmiede ohne Pferde arbeitslos wären

Eine Berufsgruppe, die ihre Jobs verlieren würde, wenn es keine Pferde gäbe, sind die Hufschmiede. Sie sind für Pferdebesitzer besonders wichtig, denn ohne gesunde Hufe kann ein Pferd nicht mehr laufen, und Laufen ist neben Fressen seine wichtigste Beschäftigung. Pferde sind Fluchttiere – können sie nicht weglaufen, sind sie in ständiger Angst und hätten in freier Wildbahn nicht überlebt. Traditionell waren Hufschmiede früher auch dafür zuständig, die Zähne des Pferdes zu behandeln, was heute Tierärzte oder sogar spezialisierte Pferdezahnärzte übernehmen. Mitunter hatten sie nicht nur Pferdebesitzer als Kunden, sondern sie beschlugen auch Kühe, Ochsen und Esel.

Heute beschränkt sich ihr Arbeitsfeld auf Pferdehufe, aber dafür hat es sich in anderer Hinsicht erweitert. Seit einiger Zeit sind Hufeisen in der Reiterwelt sozusagen heiße Eisen, über die hitzig diskutiert wird. Eigentlich schaden sie nämlich den Hufen, weil sie den natürlichen Mechanismus blockieren. Unter dem Hufmechanismus versteht man die Bewegungen, die an verschiedenen Stellen des Hufes ausgelöst werden, wenn das Pferd ihn be- und wieder entlastet. Der Huf geht beim Auffußen etwas auseinander, besonders hinten, wo er breiter ist, Sohle und Strahl senken sich ab. Beim Abfußen zieht sich der Huf wieder in seine ursprüngliche Form zusammen. Der Hufmechanismus schont also die Gliedmaßen, weil er die Stoßkräfte verringert. Darüber hinaus bewirkt er, dass der Huf stärker durchblutet wird und deswegen auch besser wächst: Wenn er sich beim Auffußen erweitert, wird Blut angesaugt; wenn er sich zusammenzieht, wird es wieder hinausgepresst. Hufeisen schränken diesen Bewegungsablauf ein, weil sie den Huf in einer bestimmten Form fixieren. Dass er sich trotzdem noch bewegt, erkennt man daran, dass Hufeisen hinten an den Schenkeln abgerieben werden.

Barhufreiter argumentieren außerdem, dass die meisten Pferde heute gar keine Hufeisen mehr nötig haben: Schließlich wurden sie erfunden, als Pferde tagelang auf Teerstraßen oder Kieswegen unterwegs waren – beim Militär oder zum Transportieren von Menschen und Waren.

Heute dagegen werden viele Pferde oft nur eine Stunde am Tag geritten, und das nicht einmal an jedem Tag und außerdem fast ausschließlich in Reithallen oder auf Dressurplätzen oder in Wäldern, auf Wiesen oder weichen Feldwegen – alles Untergründe, die das Hufhorn längst nicht so stark abreiben wie Asphalt. Ob sich ein Pferd zum Barhufreiten eignet, hängt allerdings auch von der Beschaffenheit des Hufhorns ab: Weiche Hufe bröckeln leichter als harte.

Alternative Formen des Hufschutzes werden jedenfalls immer beliebter werden. Zunächst hat man viel mit anderen Materialien wie zum Beispiel Plastikeisen experimentiert. Heute sind Hufschuhe weit verbreitet, die ein Reiter seinem Pferd nach dem Reiten wieder ausziehen kann.

Hufeisen dienen jedoch oft noch ganz anderen Zwecken: Viele therapeutische Beschläge sind dazu gedacht, Stellungsfehler zu korrigieren, die Pferde entweder schon von Geburt an mitbringen oder durch Krankheiten wie Hufrehe bekommen haben. Und in manchen Reitsportdisziplinen, vor allem dem Reining, sind Spezialbeschläge, so genannte Sliding-Eisen, üblich, die es dem Pferd ermöglichen, bei einem Sliding Stop mit den Hinterbeinen auf dem Sand mehrere Meter zu rutschen, während sie mit den Vorderbeinen mitlaufen.

Auch viele Islandpferdereiter greifen auf spezielle Hufeisendicken zurück (oft verschiedene an Vor- und Hinterhand), um ihren Pferden das Tölten beizubringen oder sie zu einer höheren Vorhandaktion zu animieren. Diese Praxis ist umstritten: Der Verband der Islandpferdereiter und -züchter hat bereits entsprechende Vorschriften eingeführt, um so etwas zu verhindern. Schließlich soll auf Turnieren immer noch die Leistung von Pferd und Reiter beurteilt werden, nicht das Können des Hufschmieds.

Die Hufbeschlagschmiedin Marianne Kreutzer antwortete auf die Frage, warum sie Pferde mag:

»Liebe ich Pferde? Ich weiß es nicht. Ganz sicher habe ich großen Respekt vor ihnen. Aber sie tun mir auch sehr leid, weil sie das geplagteste Haustier überhaupt sind. Wie viele Schmiede müssen sie über sich ergehen lassen? Es gibt so viele Hufbeschlagtheorien und keine echten Richtlinien. Es gibt Gurus, Hufpfleger, Huforthopäden, Hufheilpraktiker, Huftechniker und das alte Schmiedehandwerk. Es gibt viele, die sich darüber im Klaren sind, dass das, was ich heute am Huf verändere, das Pferd 24 Stunden am Tag und die nächsten sechs bis acht Wochen begleiten wird. Sie stehen, gehen, laufen, springen, tölten, sliden und so weiter jeden Tag damit. Leider gibt es mindestens genauso viele Am-Huf-Arbeiter, denen das weitgehend egal ist. 80 Prozent der Pferde, die in jungem Alter eingeschläfert werden, hatten irgendwelche Bein- oder Hufprobleme. Daran ist sicher unser Berufstand nicht ganz unschuldig. Ich habe das Glück, in meinem Beruf fast täglich mit Pferden zu sein. Da jedes Pferd anders ist, ist er jedes Mal wieder neu und spannend. Obendrein verdiene ich mein Geld mit etwas, das ich sehr gern mache. Muss ich dann nicht einfach diese Tiere lieben? Oft quält mich allerdings der Gedanke, ob ich auch alles richtig mache: Geht es nicht besser? Hätte ich dieses oder jenes Pferd mit einer anderen Methode, von der ich nichts weiß, retten können? Hätte dieser Beschlag nicht schöner sein können? Habe ich meine Praktikanten genug ausgebildet, dass sie auf Pferde losgelassen werden dürfen? Jeder, der mit Pferden zu tun hat, trägt eine große Verantwortung. Sobald sich jeder dessen bewusst ist, haben wir einen Schritt in die richtige Richtung getan.«

Nur Pessimisten schmieden das Eisen, solange es heiß ist.
Optimisten vertrauen darauf, dass es nicht erkaltet.
PETER BAMM, EIGENTLICH CURT EMMRICH,
DEUTSCHER SCHRIFTSTELLER

Weil Tierärzte ohne Pferde viel weniger verdienen würden

Von Mutter Natur aus waren Pferde nicht zum Reiten bestimmt. Ihre Wirbelsäule ist nicht dafür geeignet, Lasten zu tragen. Nur durch gezieltes Training können sie einen Reiter auf dem Rücken transportieren, ohne Schaden davonzutragen. Es erfordert viel Zeit und Können, bis ein Pferd seinen Körper so weit gekräftigt hat, dass es mit dem Reitergewicht klarkommt. Leider fehlt es in der alltäglichen Welt der Reiterei jedoch oft an dieser Zeit und diesem Können. Pferde werden zu früh eingeritten, weil es zu viel Geld kostet, sie länger als zwei Jahre ungenutzt auf einer Weide herumstehen zu lassen, und sie werden zu kurz ausgebildet, weil guter Beritt teuer ist und die Ausbildung sonst ebenfalls zu kostspielig wird.

Das rächt sich, und zwar indem das Pferd später umso höhere Tierarztkosten verursacht. Doch selbst Pferde, denen man genug Zeit lässt und die mit größter Sorgfalt trainiert werden, brauchen immer wieder einmal einen Tierarzt, weil sie eben nicht zum Reiten gemacht sind. Die meisten Pferdekrankheiten verursacht der Mensch durch die Art, wie er die Tiere hält, wie er sie behandelt und reitet. So entstand schon früh ein neues Berufsfeld für Heilkundige.

Früher waren die Berufe des Tierarztes und des Humanmediziners noch nicht eindeutig getrennt, geschweige denn, dass irgendeine Art von Spezialisierung stattgefunden hätte, wie wir sie heute kennen. Inzwischen gibt es nämlich nicht nur Tierärzte speziell für Pferde, sondern zum Beispiel auch Zahnärzte für sie und Kliniken, die auf bestimmte Bereiche spezialisiert sind, etwa Koliken oder Lahmheiten. Als Pferdearzt läuft man also genauso wenig Gefahr, arbeitslos zu werden, wie als Hufschmied oder Reitlehrer. Der Verdienst ist nicht schlecht – zumindest bekommen die meisten Pferdebesitzer diesen Eindruck, wenn sie ihre Rechnungen sehen. Doch im Hinblick auf die Arbeitszeit, und wenn man bedenkt, wie nervenaufreibend der Job ist, erscheint er wenig attraktiv.

Notfälle erfordern Einsätze rund um die Uhr, und im Gegensatz zu Humanmedizinern müssen sich Tierärzte auf dem Weg zu ihren Patienten an die Geschwindigkeitsbegrenzungen halten. Operationen von Pferden sind aufgrund ihrer Größe oft körperliche Schwerstarbeit, und die Hunde, die in der Nähe fast jedes Stalls heimisch sind, greifen Tierärzte genauso gerne an wie Haushunde Postboten. Offensichtlich lieben Tierärzte Pferde trotzdem. Sonst würden sich nicht so viele von ihnen Pferde als Hauptbetätigungsfeld aussuchen, sondern eher Meerschweinchen.

Gar nicht krank ist auch nicht gesund.
Karl Valentin

Weil man Pferde versichern kann

Für Pferde gibt es fast mehr Versicherungen als für Menschen. Das fängt schon vor der Geburt an: Eine so genannte Leibesfruchtversicherung für ein noch ungeborenes Tier kann man ab dem siebten Trächtigkeitsmonat abschließen. Für die Mutterstute gibt es zugleich eine Trächtigkeitsversicherung, eine Art Lebensversicherung für trächtige Pferde. Aber dies sind eher exotische Versicherungen, die meistens nicht einmal diejenigen, für die sie gedacht sind – also Pferdezüchter –, abschließen.

Was aber jeder Pferdebesitzer braucht, das ist die Tierhalterhaftpflichtversicherung. Man benötigt sie auch aus dem Grund, weil die meisten Pferdebetriebe gar keine Pferde einstellen, wenn sie nicht mindestens haftpflichtversichert sind. Die Haftpflichtversicherung deckt die meisten Schäden ab, die das Pferd verursacht, und Pferde sind nun mal im Schadenverursachen fast so gut wie darin, sich zu verletzen. Sie brauchen nur etwas zu nah an einem Auto vorbeizureiten oder Ihr Pferd über ein frisch angesätes Feld galoppieren zu lassen.

Operationskosten- und Krankenversicherungen lohnen sich meistens nicht, weil sie fast alles ausschließen, woran das Durchschnittspferd erkrankt. Viele Operationskostenversicherungen bezahlen zum Beispiel lediglich die OP, nicht aber den Klinikaufenthalt, der teurer sein kann als die Operation selbst. Auch Lebensversicherungen schließen in der Regel nur Besitzer von extrem teuren Pferden ab.

Richtig vielfältig und kompliziert wird es dagegen, wenn es an Versicherungen für Reiter und Reiter-Pferd-Kombinationen geht. Als einzelner Reiter eines eigenen Pferdes stehen einem natürlich von Unfall- bis Berufsunfähigkeitsversicherungen alle offen. Reiten noch andere als der Besitzer das Pferd, hängt die Versicherung, die er braucht, davon ab, ob die anderen Reiter ihm Geld dafür bezahlen, dass sie sein Pferd benützen dürfen, oder ob er sie dafür bezahlt, dass sie das Tier bewegen: Von den so genannten Fremdreiterversicherungen gibt es mehrere Varianten. Und wenn jemand seinen Lebensunterhalt damit verdient, dass er andere Leute sein Pferd reiten lässt, oder damit, dass er die Pferde anderer Leute reitet, braucht er wieder spezielle Versicherungen. Versicherungsmakler haben allen Grund, Pferde zu lieben.

Nur echte Reiter versichern
ihr Pferd umfassender als ihr Auto.
REITERSPRUCH

GRUND NR. 16

Weil man wegen Pferden vor Gericht gehen kann

Die meisten Rechtsstreitigkeiten, die mit Pferden zu tun haben, drehen sich ganz banal um Kaufen und Verkaufen. In der Mehrheit der Fälle geht es darum, dass jemand gerade erst ein Pferd gekauft hat, mit dem er schon bald danach nicht mehr zufrieden ist. Entweder weil das Pferd krank wird, oder weil der neue Besitzer nicht mit ihm zurechtkommt. Er wird versuchen, den Verkäufer zu verklagen, und ihm vorwerfen, der habe ihn getäuscht.

Sicher gibt es mitunter Pferdehändler – man spricht nicht umsonst vom Rosstäuscher –, die ihren Käufern nicht die Wahrheit über das Tier erzählen, das sie zum Verkauf anbieten. Deswegen hat man schon gegen Ende des 19. Jahrhunderts sechs Krankheiten definiert und sie Gewährsmängel genannt, weil sie damals unheilbar waren. Zum Teil sind sie das heute nicht mehr, aber sie gelten immer noch als Gewährsmängel. Das heißt, wenn eine dieser Krankheiten innerhalb von sechs Wochen nach dem Kauf auftritt, dann kann der Käufer das Pferd zurückgeben und bekommt sein Geld wieder.

Die historischen Namen der sechs Krankheiten lauten: Dummkoller, periodische Augenentzündung, Koppen, Kehlkopfpfeifen, Dämpfigkeit und Rotz. Dummkoller zum Beispiel, eine Erkrankung des Gehirns infolge einer Gehirnwassersucht, erkennt man angeblich daran, dass ein Pferd den Kopf bis über die Nüstern ins Wasser eintaucht, doch einige Pferdebesitzer haben mir versichert, dass ihre Pferde das beim Trinken regelmäßig tun.

Oft ist es jedoch so, dass das Pferd nach dem Verkauf lahmt, unhändelbar wird oder nicht die gewünschte Leistung zeigt, weil der neue Besitzer es falsch oder anders behandelt. Oder weil es die Umstellung auf andere Haltungsbedingungen nicht verträgt: Ein Stallwechsel ist für ein Pferd oft ein traumatisches Erlebnis.

Hier werden dann Sachverständige bemüht, die feststellen sollen, wer die Schuld daran trägt, dass das Pferd nicht mehr gesund ist oder sich nicht so verhält, wie es beim Verkauf vorgeführt wurde.

Häufig betreffen Rechtsstreitigkeiten auch Fälle, in denen ein Pferd einen Unfall oder Schaden verursacht hat und unklar ist, wer dafür die Verantwortung trägt. Das Pferd ist jedoch immer mit schuld, einfach weil es ein Tier ist und weil wegen seines instinktiven Verhaltens Gefahr von ihm ausgeht.

Womit sich Gerichte in Zukunft wahrscheinlich vermehrt beschäftigen müssen, das sind die Mietnomaden unter den Pferdehaltern. Hat ein Stallbetreiber ein Pferd bei sich aufgenommen, muss er es auch füttern und bei ihm ausmisten. Er darf es nicht rausschmeißen, indem er es einfach freilässt, oder verkaufen, wenn der Besitzer den Pensionspreis nicht mehr zahlt. Es gibt jedoch auch kuriosere Fälle: Zum Beispiel wurde entschieden, dass ein Heißluftballonfahrer haftet, wenn sein aufsteigender Ballon ein Pferd erschreckt. Das Gleiche gilt anscheinend für Hubschrauberflieger. Rechtsanwälte müssen Pferde lieben.

Wenn du im Recht bist, kannst du dir leisten,
Ruhe zu bewahren; und wenn du im Unrecht bist,
kannst du dir nicht leisten, sie zu verlieren.
MAHATMA GANDHI

Weil berittene Polizisten sonst zu Fuß gehen müssten

Man kennt sie vor allem von Fußballspielen, größeren Demonstrationen, Festivals und aus England, aber auch von der CeBit: Polizisten zu Pferde. Bei Letzterer soll die Zahl der Autoaufbrüche drastisch zurückgegangen sein, seit eine Polizeireiterstaffel die Parkplätze überwacht. Einer der entscheidenden Vorteile eines berittenen Polizisten gegenüber einem unberittenen liegt darin, dass er eine bessere Aussicht hat und ein viel größeres Gelände überwachen kann.

Natürlich haben Pferde außerdem den Vorteil, dass sie auch dorthin gehen können, wo Autos nicht hinkommen, zum Beispiel in den Wald. Pferde sind schließlich umweltfreundlich. Schließlich wäre es unpassend, ein Naturschutzgebiet oder einen Naturpark mit Autos oder Motorrädern zu überwachen, weil diese die dort ansässigen Tierarten erschrecken würden.

Weil Pferde abseits von Straßen besser vorwärtskommen, werden berittene Polizisten auch dafür eingesetzt, die waldreichen Strecken der Castor-Transporte zu überwachen. Hier bieten die Tiere zusätzlich einen psychologischen Vorteil, weil sie als Sympathieträger die Aggressionen der Demonstranten ganz entscheidend mildern. Die Hemmschwelle, Steine auf ein Pferd zu werfen, ist interessanterweise größer als bei menschlichen Zielscheiben. Berittene Polizisten sind also sicherer als ihre Kollegen, die zu Fuß gehen. Für alle Fälle werden Polizeipferde bei gefährlichen Einsätzen entsprechend ausgerüstet und tragen ähnliche Schutzkleidung wie ihre Reiter. Damit sie in Gegenwart von außer Kontrolle geratenen Menschenmassen ihre Ruhe bewahren, durchlaufen Polizeipferde ein spezielles Training. Am wichtigsten ist dabei die Desensibilisierung, das heißt, die Pferde lernen, alle möglichen Geräusche und Bewegungen zu ignorieren – von Lautsprecheransagen über aufklappende Regenschirme bis hin zu Schüssen. Ein bisschen Training in diese Richtung tut auch jedem Nicht-Polizeipferd gut. Gewöhnliche Reiter können inzwischen in so genannten Gelassenheitsprüfungen, in denen Regenschirme und Knallgeräusche vorkommen, testen, wie es um die Nervenstärke ihrer Tiere bestellt ist.

Zu guter Letzt sorgen Pferde auch dafür, dass die Polizei keine Nachwuchssorgen hat, denn natürlich ist die Reiterstaffel ein attraktiver Beruf. Vor allem zieht er Mädchen an. Bei der wohl berühmtesten Reiterstaffel der Welt, den Mounties aus Kanada, die offiziell Royal Canadian Mounted Police oder RCMP heißt, sind Frauen seit 1974 zugelassen. Die Royal Canadian Mounted Police wurde Ende des 19. Jahrhunderts gegründet, um in den weiten Gebieten des Wilden Westens eine Polizeipräsenz aufzubauen. In erster Linie waren Pferde hier mit von der Partie, weil es große Distanzen zu überwinden galt. Eine ihrer Aufgaben bestand darin, amerikanischen Whiskyhändlern, die nahe der Grenze den Eingeborenen Alkohol verkauften, das Handwerk zu legen.

Eine ebenfalls berühmte Reiterstaffel dürfte die berittene Leibwache der Queen sein, die so genannte Queen's Life Guard. Die Wachen, die ihr angehören, sitzen regelmäßig von zehn Uhr vormittags bis vier Uhr nachmittags auf dem Pferd. Da schon lange niemand mehr versucht hat, das Leben der Queen anzugreifen, während sie in einem ihrer Paläste von berittenen und unberittenen Wächtern beschützt wird, langweilen sich Letztere anscheinend sehr. Vor ein paar Jahren soll sich ein Generalmajor bei seinem Chef darüber beschwert haben, wie quälend eintönig der Dienst sei. Die Lösung liegt auf der Hand: Um Abhilfe zu schaffen, müsste die Queen ganz einfach allen ihren Wachen ein Pferd zur Verfügung stellen, auf dem sie ihren Dienst verrichten können. Hat man ein Pferd, wird einem nie langweilig.

Pferde haben einen besonderen Vorteil
gegenüber anderen Tieren: Sie lassen sich reiten.
Reiten ist wie selber laufen, nur müheloser, schneller, schöner –
vorausgesetzt, man versteht sich mit seinem Pferd.
NATHALIE PENQUITT

Weil man Pferde essen kann

Einer der Berufe, die Pferde uns beschert haben, sogar einer der älteren, ist der des Abdeckers, Schlachters oder Pferdemetzgers – je nachdem, wie man es ausdrücken will. Pferdefleisch gehört zu den ältesten Nahrungsmitteln der Menschheit. Kelten, Germanen, Perser, Griechen, Römer, Chinesen – alle aßen Pferde, und auch die großen Reitervölker, die Indianer, Hunnen und Mongolen, verspeisten ihre Reittiere.

In vielen Kulturen wurden Opferrituale mit Pferden veranstaltet, bei denen anschließend das Fleisch verzehrt wurde. So schlachteten die Römer zum Beispiel Mitte Oktober ein Pferd zu Ehren des Kriegsgottes Mars, das so genannte Oktoberpferd. Bei diesem Ritual traten zunächst Zweiergespanne zu Wettrennen an. Am Ende tötete ein Priester das rechte Pferd des Siegergespanns und schnitt ihm Kopf und Schweif ab. Um den Kopf kämpften dann noch die Bewohner zweier Stadtviertel. Der Schweif wurde ebenfalls bei religiösen Handlungen eingesetzt – wozu genau, konnten die Historiker leider noch nicht eindeutig klären.

Im 8. Jahrhundert nach Christus verbot Papst Gregor III. den Verzehr von Pferdefleisch – warum, ist nicht ganz klar. Er könnte es als Zeichen gegen heidnische Praktiken beabsichtigt haben, oder es war schlicht ein Versuch, die Zahl an Pferden, die er dringend für seine Kriege brauchte, nicht weiter zu dezimieren.

Das Verbot behielt etwa bis zum 19. Jahrhundert allgemeine Gültigkeit. Im jüdischen Glauben ist der Verzehr von Pferdefleisch noch heute untersagt. In den meisten Staaten der USA ist die Schlachtung von Pferden für den menschlichen Verzehr ebenfalls verboten (zu Leim und Hundefutter dürfen sie aber unter Umständen verarbeitet werden), weil sie dort als Sportler, als Haustier wie Hund und Katze und vor allem als eine Art Nationalsymbol gesehen werden. (Erst kürzlich wurde das Quarter

Horse offiziell zur repräsentativen Pferderasse des Staates Texas erklärt.) Als Folge davon haben sich die USA paradoxerweise zu einem der größten Exporteure von Schlachtpferden entwickelt. Oft werden die Tiere meilenweit über die Grenze nach Kanada oder Mexiko transportiert und dort geschlachtet, was natürlich in den meisten Fällen wegen der schlechten Transportbedingungen in eine weitaus größere Quälerei ausartet.

Galt früher Pferdefleisch eher als Ernährung für arme Leute, wird es heute vor allem in romanischen Ländern wie Frankreich, Italien und der Schweiz als Delikatesse angeboten, aber durchaus auch in Deutschland: Rheinischer Sauerbraten wird zum Beispiel traditionell aus Pferdefleisch zubereitet. Es ist fettarm und eiweißreich, außerdem ist es zarter als Rindfleisch – je älter das Pferd bei der Schlachtung ist, umso zarter das Fleisch – und muss deshalb nicht so lange zubereitet werden.

In anderen Ländern, zum Beispiel in Island, ist der Verzehr von Pferdefleisch ein relativ emotionsloses Thema: Es ist dort nicht ungewöhnlicher, als Schweine, Kühe oder Schafe zu essen. Auf der Insel im hohen Norden werden seit jeher überflüssige Pferde geschlachtet oder solche, die sich nicht zur Zucht eignen. Als die katholische Kirche Island christianisierte, erteilte sie den Bewohnern der Insel eine Sondererlaubnis, weiterhin Pferdefleisch zu essen. Das Land war wegen des rauen Klimas so karg, dass andernfalls eine Hungersnot gedroht hätte.

Und natürlich fanden nicht nur das Fleisch, sondern auch andere Teile des Pferdekörpers schon immer Verwendung. Neben dem Leder sind zum Beispiel die Haare aus dem Schweif ein begehrtes Material für die Bögen von Streichinstrumenten. Heute besteht für alle Pferde eine Kennzeichnungspflicht, bei der jedes Tier in seinem so genannten Equidenpass als Schlachtpferd deklariert werden kann. Dadurch soll verhindert werden, dass bestimmte Medikamente in die Lebensmittelkette gelangen. Die meisten Pferdebesitzer deklarieren ihr Tier jedoch nicht als Schlachtpferd, damit es, falls nötig, in den Genuss der modernsten und besten Medizin kommen kann.

Dank der Pferde, die nicht zum Schlachten bestimmt sind – was die Mehrzahl sein dürfte –, konnte sich ein anderer, relativ neuer Berufszweig etablieren: der Tierbestatter. Und sogar hier gibt es bereits Spezialisierungen, zum Beispiel auf Feuer- oder Seebestattungen.

A person who eats meat
wants to get his teeth into something
A person who does not eat meat
wants to get his teeth into something else
If these thoughts interest you for even a moment
you are lost
LEONARD COHEN, SINGER-SONGWRITER

Weil die meisten Touristen
nur wegen der Pferde nach Island reisen

In Island ist es, wie gesagt, üblich, Pferde zu essen. Doch viele Touristen, die in dieses Land reisen, tun dies nicht aus kulinarischen Gründen, sondern weil sie die berühmten Islandpferde in ihrer ursprünglichen Heimat reiten wollen. Die Insel eignet sich perfekt zum Reiten, weil sie dünn besiedelt ist und weil es kaum Straßenverkehr gibt. Außerdem ist sie mit ihren Bergen, den Vulkanen und heißen Quellen landschaftlich sehr schön: viel unberührter und wilder als unser Land.

Manche Touristen kommen auch hierher, weil sie einmal ein echtes Islandpferd reiten wollen und nicht eines, das in Deutschland geboren und aufgewachsen ist und in den Augen wahrer Rassenfanatiker gar nicht mehr als Islandpferd gilt. Die meisten Leser meiner Generation kennen Island wahrscheinlich vor allem aus der ZDF-Weihnachtsserie *Nonni und Manni* von 1988, die im 19. Jahrhundert angesiedelt ist. Dabei spielen Pferde in der Geschichte nicht einmal die Hauptrolle. Sie kommen eigentlich nur vor, weil man sich zur damaligen Zeit in Island nur per Pferd von A nach B begeben konnte. Und trotzdem hat das Fernsehen dazu beigetragen, die Attraktivität der Insel als Reiseziel zu steigern.

Tourismus ist einer der wichtigsten isländischen Wirtschaftszweige. Aber auch der Verkauf der Pferde bringt dem Land viel Geld. Seit die ersten Islandpferde in den 50er Jahren des 20. Jahrhunderts von Deutschland importiert wurden, haben sie sich zu einem regelrechten Exportschlager entwickelt, obwohl viele von ihnen aufgrund des Klimawechsels unter Sommerekzemen leiden, womit sie sich wohl oder übel abfinden müssen.

Denn ein einmal exportiertes Pferd darf nie mehr auf seine Heimatinsel zurück. Das Verbot wurde erlassen, damit sich hier keine neuen Pferdekrankheiten ausbreiten. Auch gesunde

Pferde dürfen nicht nach Island einreisen, damit sich die Rasse nicht durch fremde Einkreuzungen verändert. Als Islandpferde in Deutschland bekannt wurden, geschah das in der Zeit, als das Pferd allmählich aus der Landwirtschaft verschwand, die Zahl der in Deutschland lebenden Tiere drastisch zurückging und das Reiten als Freizeitsport aufkam, das dem Turnier- und Sportreiten langsam den Rang ablief. Dafür waren die Isländer wegen ihres ausgeglichenen Gemüts besonders gut geeignet. Da sie nicht sehr groß sind, sind sie auch kostengünstiger zu unterhalten, weil sie weniger Futter brauchen.

Island ist bei Weitem nicht das einzige Land, das mit seinen Pferden Touristen anzieht oder sie in die ganze Welt exportiert. Für die USA trifft das ebenfalls zu. Touristen, die von Cowboyromantik träumen, verbringen ihre Ferien auf Ranches und reiten durch die Weiten des Westens, während das Quarter Horse, die für Amerika typische Pferderasse, inzwischen weltweit beliebt ist und sich so sehr verbreitet hat, dass es die zahlenmäßig größte Pferderasse der Welt geworden ist. Dass die Anbieter von Reit-Erlebnisurlaub, sowohl in den USA als auch in Island, ihre Kunden als ähnlich realitätsfremd belächeln wie Neuseeländer die Scharen von *Herr der Ringe*-Pilgern, die in letzter Zeit ihr Land überfallen, scheint dem Geschäft nicht zu schaden.

Reisen ist tödlich für Vorurteile.
MARK TWAIN

Weil man mit Pferdezüchten viel Geld verdienen kann

Damit Pferde eine Menge Arbeitsplätze schaffen können, muss es sie natürlich erst einmal geben. Und dafür, dass Pferde nicht aussterben, sondern immer neue (und immer bessere) geboren werden, sorgen die Züchter – ein weiterer Berufszweig, den wir diesen Tieren verdanken. Pferdezüchter leben davon, dass sie ihre Pferde für mehr oder weniger Geld verkaufen – und viel Geld ist in der Pferdezucht ein dehnbarer Begriff.

Gemeinhin teilt man die Tiere auf dem Pferdemarkt in drei Gruppen ein: teure und gute Pferde, teure und schlechte Pferde und billige und schlechte Pferde. Es wird gerne behauptet, dass es keine Pferde gibt, die gleichzeitig gut und billig sind. Gute Pferde sind immer teuer. Andere wiederum vertreten die Meinung, es gäbe keine guten oder schlechten, teuren oder billigen Pferde, nur das Preis-Leistungs-Verhältnis könne gut oder schlecht sein. Denn schließlich kommt es immer darauf an, wer das Pferd kauft und zu welchem Verwendungszweck es vorgesehen ist. Die Preise variieren je nach Rasse, Abstammung, Ausbildungsstand und Alter. Die teuersten Pferde sind so viel Geld wert, dass sie selten einer einzelnen Person gehören, sondern einem Syndikat.

Wenn man bedenkt, welches gefährliche Leben Pferde naturgemäß führen, zumindest sofern sie artgerecht gehalten werden und ab und zu zusammen mit anderen Artgenossen frei herumlaufen dürfen, sind die Preise Wahnsinn. Vielen Pferdefreunden, die ich fragte, warum sie Pferde lieben, fielen mindestens genauso viele Gründe ein, warum man Pferde eigentlich nicht mögen sollte. Einer davon ist, dass sie so zerbrechlich sind. Wie bei allen Lebewesen kann der Tod trotz aller Gesundheitsvorsorge, Vorsicht und Unfallverhütungsmaßnahmen jederzeit unerwartet eintreten.

Aus Angst davor packen viele Besitzer ihre Pferde in Watte, oder sie versuchen es zumindest. Vor allem wertvolle Tiere fristen oft ein trauriges Leben in Einzelhaft, unter Decken und Bandagen verschwindend. Kämen sie ins Freie, vielleicht sogar noch mit anderen Pferden gemeinsam, wäre die Verletzungsgefahr viel zu hoch. Schließlich kann schon der Tritt eines anderen Tieres tödlich enden – selbst wenn dieses keine Hufeisen trägt. Auch vollkommen unaggressive Gegenstände wie Zäune oder Pfosten können den Tod bringen. Pferde haben bekanntermaßen Talent, sich zu verletzen. Trotzdem – lieber ein Ende mit Schrecken als ein Schrecken ohne Ende, lieber ein kurzes, schönes Leben als ein langes, das den Namen nicht verdient. Pferdebesitzer sollten sich vielleicht zum Motto nehmen, was der Philosoph J. E. G. Rudolphi schon im Jahr 1805 gesagt hat: Mancher, der kurz gelebt hat, hat lange gelebt.

Junge Pferde und Fohlen sind noch krankheitsanfälliger als erwachsene. Deshalb ist das Züchten ein besonders riskantes Geschäft. Bevor das Fohlen überhaupt auf der Welt ist, investiert der Züchter eine Menge Geld, von dem er nicht weiß, ob er es jemals wiedersieht. Erst einmal muss er den Samen des Hengstes kaufen, der seine Stute decken soll. Egal, ob dies im Natursprung oder durch künstliche Besamung geschieht, bezahlt der Züchter den Transport der Stute – entweder zum Hengst selbst oder zur nächsten Besamungsstation, dazu kommt noch das Porto für das Verschicken des Samens. Bei der künstlichen Besamung muss er einen Tierarzt bezahlen, beim Natursprung auf der Weide riskiert er das Leben seiner Stute – und der Hengsthalter das seines Hengstes. Entweder sind die Tiere durch Infektionen gefährdet oder Tritte, durch die Pferde nun einmal hauptsächlich miteinander kommunizieren. Beim Decken an der Hand werden der Stute die Hinterbeine gefesselt, damit sie nicht ausschlagen kann, was sich allerdings durch geringere Trächtigkeitsraten rächt.

Hat die Stute das Decken überlebt – ist also weder beim Transport noch durch den Hengst noch durch eine beim Deckakt zugezogene Infektion ums Leben gekommen –, fallen für den Züchter als Nächstes Kosten für eine Ultraschalluntersuchung durch den Tierarzt an, der feststellt, ob die Stute tatsächlich trächtig ist. Sonst wären alle bisherigen Investitionen umsonst gewesen.

Auch wenn viele Hengsthalter Samen für einen zweiten Versuch billiger oder kostenfrei zur Verfügung stellen, fallen andere Kosten wie beispielsweise für den Transport noch einmal an.

Als Nächstes muss der Züchter dafür sorgen, dass die Stute trächtig bleibt und nicht resorbiert und daher kein Fohlen zur Welt bringt. Außerdem braucht eine trächtige Stute natürlich besonderes Futter und eine Abfohlbox.

Ist das Fohlen endlich gesund auf der Welt, muss der Züchter es durchfüttern, bevor er es verkaufen kann, und natürlich – falls nötig – auch den Tierarzt bezahlen. Leider kann er das Fohlen nicht teurer verkaufen, wenn es höhere Tierarztkosten verursacht hat – sondern eher im Gegenteil. Selbst gesunde und muntere Fohlen muss der Züchter erst einmal ausbilden lassen, bevor er sie verkaufen kann. Für ein unangerittenes Pferd einen Käufer zu finden, also einen, der es selbst einreiten kann, ist schwer. Die meisten Leute, die dazu in der Lage wären, züchten selbst Pferde. Als ein weiterer Risikofaktor kommt jetzt dazu, dass sich erst in der Ausbildung zeigt, ob das Pferd nicht nur das Aussehen, sondern auch die Fähigkeiten der Eltern geerbt hat.

Kaum ein Züchter will sein Fohlen einem x-beliebigen Käufer überlassen, sondern nur einem, der zu dem Pferd passt, denn schließlich investiert er nicht nur jede Menge Geld in das Tier, sondern mindestens genauso viel Herzblut. Was der Züchter an Geld zurückbekommt, wenn er seine Investitionen abzieht, ist also gar nicht so viel, auf der emotionalen Seite vielleicht aber umso mehr, wenn alles gut geht. Vielleicht gibt es deshalb so viele Züchter, die mit ihrer Zucht gar nicht unbedingt Geld verdienen wollen, sondern es aus Liebhaberei tun. Viele sagen auch, mit Pferdezüchten kann man nur dann viel Geld verdienen, wenn man schon viel Geld hat. Sehen wir uns also an, ob derjenige, der im Leben des Pferdes nach dem Züchter die zweitgrößte Rolle spielt, mehr an ihm verdienen kann, und wenden uns dem zu, der es einreitet.

Geld ist besser als Armut,
wenn auch nur aus finanziellen Gründen.
WOODY ALLEN

Weil Profireiter ein Beruf ist

Betrachtet man die Sache als Außenstehender, könnte man meinen, dass sich mit dem Ein-, Zu- oder Bereiten von Pferden viel Geld verdienen lässt. Ein Besitzer, der sein Pferd einem professionellen Bereiter in die Hände gibt, zahlt dafür ungefähr zwischen 500 und 1000 Euro im Monat – mitunter mehr, als er in die eigene Aus- oder Weiterbildung investiert, und mehr, als es kosten würde, sein Kind auf eine teure Privatschule zu schicken. Aber dass es für Pferdebesitzer selbstverständlich ist, ihr Pferd in Beritt zu geben, während sie nie daran denken würden, ihr Kind auf eine andere als eine staatliche Schule zu schicken, sollte nicht weiter verwundern. Schließlich geben sie auch mehr für den Tierarzt und die Gesundheitsvorsorge des Pferdes aus als für die eigene.

Dabei sind es durchaus nicht nur die Reichen und Gutbetuchten, die ihren Pferden den Service einer Vollpension mit Beritt angedeihen lassen. Renommierte Ausbilder, die pro Pferd, das für Beritt und Pension zu ihnen kommt, rund tausend Euro im Monat verlangen, haben unter ihren Kundinnen auch Zahnarzthelferinnen und Sekretärinnen. Nimmt ein Bereiter acht Pferde auf – die Zahl, die er alleine bewältigen kann – oder sogar mehr, die er dann von seinen Praktikanten, Azubis oder Freundinnen reiten lässt, verdient er theoretisch 8000 Euro und mehr im Monat. Aber natürlich – genau wie der Pferdezüchter – nur brutto. Nicht nur Steuern muss er davon abziehen, sondern auch die Ausgaben für die Tiere, die er in seine Obhut nimmt: Heu, Stroh und Futter. Und man darf nicht vergessen, dass er erst einmal einen entsprechenden Stall sowie Reitplätze oder -hallen bauen und die Weidefläche kaufen oder pachten muss.

Darüber hinaus ist er gut beraten, etwas Geld in eine Berufsunfähigkeitsversicherung zu investieren: Normalerweise bekommt er ja Pferde, mit denen ihre Besitzer nicht zurechtkommen, weil die Tiere sich gefährliche Unarten angewöhnt haben. Selbst wenn er sich darauf spezialisiert hat, Pferde bei Turnieren vorzustellen, für die ihre Besitzer selbst nicht gut genug reiten, und an Stelle von Korrekturpferden hochtalentierte Spitzentiere trainiert, bleibt ihm doch das Einreiten von jungen Pferden nicht erspart. So vielversprechend ihre Zukunft auch sein mag, auf das erste Reiten werden auch diese Pferde kaum erfreuter reagieren als ihre weniger begabten Artgenossen. Ohne Zweifel setzt ein Berufsreiter sein Leben täglich einem größeren Risiko aus, als es gewöhnliche Reiter sowieso schon tun.

Klar, an der Spitze locken attraktive Preisgelder, die auf Turnieren zu gewinnen sind. Wer eine Karriere als Profireiter anstrebt, hat vielleicht Deister vor Augen, den Hannoveraner-Wallach, der für Paul Schockemöhle ungefähr 700 000 Euro an Preisgeldern gewann und deswegen auch als springender Geldschrank bezeichnet wurde. Aber nicht zu vergessen: Transportkosten, Unterbringung für Reiter, Pfleger und Pferde sowie Nenngebühren sind abzuziehen. Die Fahrt zu einem Turnier lohnt sich für den Profireiter eigentlich nur dann, wenn er den ersten Platz belegt und den Hauptgewinn einstreicht. (Übrigens ist es im Reitsport nicht anders als in anderen Industriezweigen: An der Spitze, sozusagen bei den Führungskräften, überwiegen die Männer, und das, obwohl an der Basis der Frauenanteil um so vieles höher ist, dass Verbände und Vereine von Zeit zu Zeit klagen, männliche Reiter seien vom Aussterben bedroht.)

Die meisten Bereiter haben es aber sowieso nicht mit Turnierpferden zu tun, sondern sie arbeiten mit durchschnittlichen Tieren und ebensolchen Reitern. Um ein Pferd so reiten zu können, dass es nicht schlechter, sondern besser wird, müsste eigentlich jeder Reiter selbst eine Ausbildung zum Profi durchlaufen. Für die meisten ist das kaum zu verwirklichen. Sie wechseln lieber den Bereiter – oder auch den Sattel –, anstatt Unterricht zu nehmen.

Die Scharfsinnigsten unter ihnen geben ihren Beruf frühzeitig auf.
PHILIPPE KARL, »IRRWEGE DER MODERNEN DRESSUR«

Weil man als Reitlehrer nie arbeitslos wird

Einer Studie der BETA zufolge, der British Equestrian Trade Association, stehen behaviorial issues, also Verhaltensfragen, an erster Stelle der Probleme, die Pferdebesitzer mit ihren Tieren haben. Sie liegen zugleich an führender Stelle unter den Posten, für die Reiter bereit sind, Geld auszugeben. In wirtschaftlichen Krisenzeiten, so die Erkenntnis der BETA, sparen Reiter eher an der Ausrüstung – sprich: an unnötigem Schnickschnack –, an Ausgaben für Turniere und sogar am Futter und Tierarzt, bevor sie an Reitunterricht und Beritt sparen.

Reitlehrer laufen also selbst in konjunkturschwachen Zeiten kaum Gefahr, arbeitslos zu werden – sicher einer der Vorteile ihres Berufs. Und langweilig wird es ihnen sicher auch nie. Wenn man keine Probleme hat, braucht man sich nur ein Pferd anzuschaffen, das sagen sogar die Profis unter den Reitern. Gerade schwierige Pferde stellen eine lohnende Herausforderung dar, an der ein Reitlehrer wachsen kann. Da sich jeder ein Pferd kaufen kann, der Lust und Geld hat, auch wenn er nicht mit ihm klarkommt, wird es immer Bedarf an Reitlehrern geben.

Zumindest an kompetenten, denn mit der Bezeichnung Reitlehrer ist es wie mit dem Pferdehandel: Jeder kann sich so nennen, ohne Ausbildung und Qualifikationsnachweis. Ganz traditionell qualifiziert man sich als Reitlehrer durch einen anerkannten Lehrberuf und wird Pferdewirt mit Schwerpunkt Reiten. Kommt man von der Realschule, absolviert man als Erstes ein Berufsgrundschuljahr in Richtung Landwirtschaft, in dem man nicht allzu viel über Pferde lernt. Und selbst danach kommen die Lehrlinge in der Ausbildung kaum zum Reiten, wie sie es oftmals beklagen.

Es ist also kein Wunder, dass die Verzweiflung unter Pferdebesitzern groß ist, wenn selbst Reitlehrer, die die Ausbildung in einem anerkannten Lehrberuf durchlaufen haben, mit Problempferden nicht zurechtkommen. Außerdem deckt der Lehrberuf die vielen alternativen Reitweisen nur unzureichend ab, die sich in den letzten Jahren in Deutschland ausgebreitet haben: Gangpferdereiten, Barockreiten, Westernreiten und Ähnliches. Viele, die anderen Leuten das Reiten beibringen und sich mit ihren Problempferden herumschlagen wollen, beschreiten deswegen heute den Weg, die Trainerscheine der einschlägigen Verbände zu machen. Doch selbst das ist für den Erfolg nicht zwingend notwendig. Mit Reitlehrern ist es ähnlich wie mit Masseuren und Heilpraktikern: Wer hilft und wessen Methoden wirken, hat Arbeit, egal, ob er offiziell qualifiziert ist oder nicht.

Keine Stunde im Leben,
die man im Sattel verbringt, ist verloren.
WINSTON CHURCHILL

Weil man für Pferde viel Geld ausgeben kann

Ohne Pferdezüchter hätten wir keine Pferde. Aber ohne die Pferdebesitzer würde gar nichts funktionieren, denn schließlich sind sie es, die ihr Geld für Pferde ausgeben und so der Wirtschaft guttun.

Natürlich sind Pferde teuer: in der Anschaffung und im Unterhalt. Weil man als Pferdebesitzer Reitlehrer und Tierärzte braucht und weil man, will man sie reiten und pflegen, auf einige essenzielle Ausrüstungsgegenstände nicht verzichten kann. An erster Stelle sind hier Putzzeug, Halfter, Sattel und Trense zu nennen. Bekommt man eine Grundausrüstung zum Pferdeputzen noch für relativ wenig Geld, kostet ein guter Sattel dagegen so viel, dass manche Reiter mehr dafür bezahlen, als sie ihr Pferd gekostet hat.

Aber auch für Putzzeug kann man durchaus viel Geld ausgeben. Schließlich gibt es heute nicht nur Stirnbänder, die mit Strass- oder Swarovskisteinen besetzt sind, sondern auch Kardätschen, Striegel und Bürsten. Ein modebewusster Reiter könnte sich mit Leichtigkeit zweimal im Jahr neues Putzzeug in den Farben der Saison zulegen. Dazu gibt es entsprechend Halfter, Führstricke und Decken in den passenden Farben. Der mir bekannte Rekord ist eine Pferdebesitzerin, die für ihr Pferd 93 Decken hat.

Dass das Angebot an Pferdezubehör so vielfältig ist, hat außerdem den Vorteil, dass einem die Geschenkideen für Pferdebesitzer und Reiter niemals ausgehen. Manche Leute kaufen allerdings sogar Putzzeug und anderes Pferdezubehör, obwohl sie es gar nicht verschenken wollen und auch kein eigenes Pferd besitzen: Es handelt sich dabei meist um junge Mädchen, in den hoffnungslosen Versuch verstrickt, ihrem Lieblingsschulpferd das Leben wenigstens etwas zu verschönern. Von diesen Einkäufen profitieren vor allem die Kassen der Reitvereine.

Noch viel mehr Geld kann man für Pflege-, Heil- und Futtermittel ausgeben, die gut für das Fell, die Mähne, den Schweif, die Hufe, die Knochen oder andere Teile des Pferdes sein sollen. Auch wenn sie keine nachweisbare Wirkung haben, steigern sie meistens das Wohlbefinden der Besitzer, die den Herstellern glauben und meinen, ihrem Pferd etwas Gutes getan zu haben. Davon profitiert also nicht nur der Handel, sondern auch die Psyche der Pferdebesitzer.

Ähnlich verhält es sich mit Schermaschinen und Decken. Die Mehrzahl der Pferde in Deutschland würde unseren mitteleuropäischen Winter durchaus gut überstehen, ohne dass sie geschoren und eingedeckt werden. Dafür sorgt schließlich ihr Winterfell. Die meisten Pferdebesitzer scheren ihre Tiere wahrscheinlich einzig und allein aus dem Grund, weil sie damit signalisieren wollen, dass sie ihr Pferd beim Reiten genauso stark fordern wie die Spitzensportler ihre Turnierpferde, bei denen Scheren wegen des harten Trainings noch angebracht sein mag.

Der Strom an neu erfundenem Zubehör der Kategorie »Sachen, die die Welt nicht braucht« wird wohl nie abreißen: Alljährlich vergeben Messen, Verbände und Zeitschriften Innovationspreise, womit die nützlichsten der neuesten Erfindungen ausgezeichnet werden. Einziger Nachteil für die Wirtschaft: Hat man ein Pferd, kann man nicht mehr viel Geld für andere Dinge ausgeben.

Eines stimmt gewiss: Alle Härter, Lacke, Tinkturen und auf dem Markt angebotenen Hufpflegemittel helfen. Zwar nicht bei jedem Hufproblem jedem Pferd. Doch mit Sicherheit sind sie ein wichtiger Bestandteil für den Umsatz des Reitsporthändlers, für den Erhalt der Arbeitsplätze, für die gesamte Volkswirtschaft.
Burkhard Rau, Leiter der Rheinischen Hufbeschlagschule, in der Zeitschrift »Freizeit im Sattel«, 08/2006

Weil viele Messestandorte ohne Pferde
um eine Messe ärmer wären

Eine Gelegenheit, bei der Menschen immer wieder gerne viel Geld für Pferde ausgeben, sind Messen. Man könnte fast das ganze Jahr damit verbringen, jedes Wochenende auf eine andere Pferdemesse zu fahren. Obwohl viele lediglich alle zwei Jahre stattfinden, gibt es davon mehr als genug. Die spoga horse zum Beispiel, die größte Handelsmesse für den Reitsport in Köln, findet gleich zweimal im Jahr statt.

Folgt man den Pferdemessen, kommt man an die schönsten Flecken und in die Zentren der Welt. In einem durchschnittlichen Jahr beginnt es im Januar mit der Partner Pferd in Leipzig, weiter geht es mit der Pferd Bodensee im Februar, die im Dreiländereck Friedrichshafen stattfindet und zu der deswegen auch immer zahlreiche Schweizer anreisen, gefolgt von der Equitana in Essen im März. Im selben Monat findet auch meistens Jagen-Fischen-Reiten in Dresden statt, nicht zu verwechseln mit Reiten-Jagen-Fischen in Erfurt. Im April lockt die Nordpferd in die Holstenhallen, im Mai die Pferd International nach München, und die Pferd Wels führt Pferdebegeisterte ins österreichische Nachbarland. Gegen Jahresende gibt es noch die Faszination Pferd in Nürnberg und die Pferd Stuttgart.

All das ist natürlich nur eine kleine Auswahl. Ich komme aus Augsburg, wo seit 1990 alle zwei Jahre im September die Americana stattfindet, die größte Messe für den Westernreitsport – natürlich nur innerhalb Europas. Doch die Preisgelder, die bei den Westernreitwettbewerben auf der Americana ausgeschüttet werden, sind so hoch, dass sie sogar Reiter aus den USA nach Deutschland locken. Die Americana hieß früher anders und hat mehrere Umzüge hinter sich, von Aachen auf das Olympia-Gelände in München Riem und schließlich auf das Messegelände in Augsburg.

Ich weiß das – und noch viel mehr über die Geschichte der Americana – deswegen so genau, weil ich es recherchiert habe. Nicht für dieses Buch, sondern für die Teilnahme an der Miss-Americana-Wahl, die im Jahr 2008 zum ersten Mal stattfand. Eigentlich bin ich kein Miss-Wahl-Typ. Was mich dazu bewogen hat, mich diesmal aufstellen zu lassen, war das Versprechen, dass jeder Teilnehmer, der (oder vielmehr die) sich zur Wahl stellt, unabhängig vom Ausgang freien Eintritt zur Americana an allen Tagen bekommt. Eine Spezialität dieser Messe ist nämlich, dass sie an den ersten drei Tagen, an denen hauptsächlich die Vorentscheidungen der Wettbewerbe mit Kühen ausgetragen werden, für Zuschauer gesperrt ist.

Ich schrieb gerade an einer Doktorarbeit über Western und musste da unbedingt rein, weshalb ich mich für die Miss-Wahl bewarb. Nebenbei recherchierte ich die Geschichte der Americana, als wollte ich meine Doktorarbeit über dieses Thema schreiben. Für die Fragen, die die Teilnehmerinnen bei der Vorentscheidung in der Westernstadt Pullman-City beantworten mussten, hätte ich mir die Recherche auch sparen können. Aber egal, den freien Eintritt habe ich tatsächlich bekommen. Es war zwar etwas kompliziert, ohne Auto ins etwas abgelegene Eging am See zu gelangen, wo sich Pullman-City befindet, aber zum Glück hat mich abends eine Mitbewerberin bis zu einer Münchner S-Bahn-Station mitgenommen. Übernachtungsmöglichkeiten waren längst ausgebucht – ob wegen der Miss-Wahl, weiß ich nicht.

Zusammenkünfte Gleichgesinnter wie die Americana oder andere Pferdemessen haben immer etwas Verrücktes an sich, das ist wie bei Jonglier-Conventions oder den Treffen der Tolkien- oder Shakespeare-Gesellschaft oder der Cormac McCarthy Society: Man verkleidet sich und benutzt möglichst viele Wörter, die Nicht-Eingeweihten unbekannt sind.

Alle Menschen lieben Pferde …
Ein Reiter, der sein Pferd nicht liebt,
wird sich letztlich nur selbst in Gefahr bringen.
François Robichon de la Guérinière, Paris 1733

Weil ohne Pferde eine Menge Journalisten arbeitslos wären

Journalisten und Buchautoren profitieren von allen Arbeitsfeldern rund ums Pferd: von den Hufschmieden, Tierärzten, Versicherungen und Rechtsfällen, vom Tourismus und der Pferdezucht, von Profireitern und Reitlehrern, von den Innovationen und den Pferdemessen. Denn über all das können sie schreiben: wie man Hufe am besten behandelt, welche Krankheiten es gibt und wie man sie vermeidet oder verarztet, wogegen man ein Pferd am besten versichern sollte. Sie können die kuriosesten Urteile der Rechtsprechung über Pferde auflisten, an Reiterferien teilnehmen und anschließend berichten, wie der Urlaub war. Sie können verschiedene Pferderassen vorstellen, die auf der ganzen Welt gezüchtet werden, und die unzähligen Reitweisen der Profireiter erklären. Sie können die Lehrer in Reitschulen testen und darüber berichten, wer die Innovationspreise gewonnen hat, Pferdemessen und deren Programm ankündigen und hinterher auswerten, wie das Geschäft dort lief und ob die Besucher zufrieden waren.

Ganz zu schweigen von der Turnierberichterstattung: Journalisten spüren Dopingfälle auf und informieren die Welt, wer wo welche Wettbewerbe gewonnen hat, egal, wie wichtig oder unbedeutend sie sind. Außerdem gibt es natürlich jede Menge berühmter Reiter und Pferdeleute, deren Biografien aufgeschrieben werden müssen.

Da sie oft selbst Reiter sind oder Pferde besitzen, sind Journalisten und Autoren, die über Pferde schreiben, selten unvoreingenommen. Dazu kommt, dass sich die meisten Pferdezeitschriften über Anzeigen der Firmen finanzieren, die Produkte für den Reitsport herstellen. Die Information, dass Huffett, Schermaschinen und Decken eigentlich überflüssig sind, käme bei diesen Geldgebern verständlicherweise nicht so gut an.

Setzen sich Pferdezeitschriften und -bücher jedoch über die Reitsportindustrie hinweg, können sie wichtige Aufklärungsarbeit leisten, die man nicht unterschätzen darf. Viele von ihnen machen auf Missstände in der Reiterei und Pferdehaltung aufmerksam, und sicher ist es auch Journalisten zu verdanken, dass sich in den letzten Jahrzehnten in der Pferdeszene so viel verändert hat, dass langsam ein Umdenken stattfindet und die Bedürfnisse der Pferde genauso berücksichtigt werden wie die der Reiter. Pferdezeitschriften und Pferdebücher sind vor allem auch deshalb so einflussreich und wichtig, weil sie schon die Jüngsten unter den Reitern erreichen. Die Autoren sollten sich daher bewusst sein, wie sehr sie die Einstellung der Reiter der Zukunft prägen.

Ich will nicht sagen, dass die Verleger von Pferdebüchern,
die ihr Publikum nur zu gut kennen, auf gemütshaltigen,
aber wissenschaftlich unsinnigen Dingen bestehen, jedenfalls
drucken sie sie nur zu gern und ermahnen ihre Autoren,
solchen auflagenträchtigen Zuckerguss ja nicht zu vernachlässigen.
HORST STERN, »BEMERKUNGEN ÜBER PFERDE«

Weil Pferde Führungskräfte trainieren

Offensichtlich ist die Idee, Führungskräfte durch den Umgang mit Pferden zu schulen, schon sehr alt. Plutarch (siehe Zitat) lebte im ersten Jahrhundert nach Christus. Seit ein paar Jahren ist sie wieder aktuell: Anbieter von Seminaren, in denen Führungskräfte und Manager von Pferden lernen sollen, ihre Mitarbeiter besser zu führen, schießen wie Pilze aus dem Boden. Kein Wunder, schließlich gibt es unendlich viele Arbeitnehmer, die mit ihren Chefs unzufrieden sind, und umgekehrt.

Die Idee, sich selbstständig zu machen und fortan sein Geld damit zu verdienen, dass – wie die Anbieter solcher Trainingsseminare gerne behaupten – die Pferde eigentlich die ganze Arbeit alleine machen, klingt gut. Wenn man die Teilnehmer solcher Schulungen nach ihren Erlebnissen und den Ergebnissen fragt, ist die Resonanz in der Regel besser als bei unzähligen anderen Anstrengungen, die unternommen werden, damit Teamarbeit und Mitarbeiterführung besser funktionieren, wie zum Beispiel Rollenspiele oder Überlebenstraining. Bei Letzterem sollen die Teilnehmer in Extremsituationen herausfinden, wer sie wirklich sind und was übrig bleibt, wenn ihnen die Insignien des zivilisierten Lebens, wie etwa Uhren, Anzüge und Chefsessel, weggenommen werden.

Doch Selbsterkenntnis gewinnt man mit Pferden viel einfacher als in der Wildnis. Pferde lassen sich von Redegewandtheit oder Äußerlichkeiten wie Kleidung oder Qualifikationsnachweisen nicht beeindrucken. Stattdessen reagieren sie auf Körpersprache und auf die Signale, die jeder ständig ungewollt von sich gibt und die andere Menschen – genauso unbewusst und intuitiv – wahrnehmen und interpretieren. Pferde kennen keine gesellschaftlichen Konventionen oder Höflichkeitsfloskeln, sie sind frei von Vorurteilen. Lässt man sie auf einen Manager los – oder den Manager auf das Pferd –, wird er sehr schnell erkennen, ob seine Körpersprache und das, was er sagt, sagen will oder zu sagen glaubt, zusammenpassen. Pferde merken es sofort, wenn die Person, die mit ihnen arbeitet, nicht bei der Sache ist, ihnen ihre Aufmerksamkeit nicht zu hundert Prozent schenkt, wenn man unkonzentriert oder unentschlossen ist und nicht weiß, was man eigentlich will. Die Reaktion, die ein Manager von Pferden bekommt, zeigt ihm sofort, ob er authentisch ist oder nur Führungskompetenz vortäuscht. Sie reagieren auf Ausstrahlung und Charisma, auf natürliche Führungsqualitäten, auf Persönlichkeit.

Pferde können sich nicht verstellen, sie sind nicht in der Lage, etwas anderes zu tun, als sie meinen. Wenn Chefs das in ihren Berufsalltag übertragen, lernen sie von Pferden zum Beispiel, dass es nicht funktioniert, wenn sie in die Runde werfen, dass »man« oder »wir« etwas tun könnte oder müsste, ohne jemanden konkret zu beauftragen. Sie lernen, sich klar auszudrücken, denn Pferde reagieren nur auf eindeutige Anweisungen. Sie begreifen auch, dass man Pferden oder Mitarbeitern die nötige Freiheit lassen muss, damit sie im richtigen Moment selbstständig handeln oder die Führung übernehmen, und sie dazu motivieren sollte.

Und das Wichtigste: Manager lernen, Fehler bei sich selbst zu suchen, denn Pferde tun nie etwas aus böser Absicht. Sie lernen von Pferden Wichtiges über Nähe und Distanz, Vertrauen und Geduld, sie lernen, die Grenzen des anderen zu respektieren und dass Überforderung nicht zum Erfolg führt. Lieben wir Pferde also, weil sie uns bessere Chefs bescheren.

Die Reitkunst ist das Einzige, was junge Prinzen richtig lernen: Ihre anderen Lehrer schmeicheln ihnen, und wer mit ihnen ringt, lässt sich freiwillig fallen. Ein Pferd hingegen wirft jeden ungeschickten Reiter ab, der es besteigt, ob er nun reich oder arm ist, Untertan oder Herrscher. Reitkunst ist der beste Lehrmeister für einen jungen Prinzen, weil sein Pferd ihm niemals schmeichelt.
PLUTARCH

Weil man auf Pferde wetten kann

Auf Pferde zu wetten ist besser als Lottospielen. Es ist spannender, selbst wenn man es sich nur im Fernsehen anschaut. Außerdem ist die Gewinnchance höher als beim Lottospielen. Man kann darauf setzen, dass ein Pferd gewinnt, oder auf den Platz, den es machen wird, oder vorhersagen, in welcher Reihenfolge die ersten drei Pferde ins Ziel laufen. Auf Pferde wetten ist persönlicher als Lottospielen: Der Spieler kann sich die Tiere vorher anschauen und auswählen, welches ihm am besten gefällt, oder er kann auf das mit dem poetischsten Namen setzen oder auf den Jockey, der in den schönsten Farben reitet.

Versteht der Wettende etwas von Pferden oder verfolgt er genau die Karriere eines Rennpferds, steigen seine Gewinnaussichten. Pferderennen und das große Geld, das man damit machen kann, üben eine solche Faszination aus, dass darüber Bücher geschrieben und Filme gedreht werden. Man denke an die Fernsehserie *Rivalen der Rennbahn*, Jane Smileys Bestseller *Horse Heaven*, Filme wie *Seabiscuit* oder das schwedische Pferdemädchen *Polly* – die Kinderbuchreihe, in der ein Mädchen und eine Trabrennstute die Hauptrollen spielen.

Eine Rennbahn, egal ob für Trab- oder Galopprennen, bietet jede Menge Stoff für Abenteuer: Doping, Sabotage, Pferdediebstahl, vertauschte Pferde, Intrigen, Erpressung, manipulierte Wetten, spektakuläre Unfälle. Doch selbst wenn all diese Zutaten fehlten, würde das der Wettleidenschaft, die dem Menschen angeboren zu sein scheint und deren Bekämpfung der Staat gesetzlich vorschreibt, keinen Abbruch tun. Glücksspiel kann süchtig machen, Pferde auch – beide in Kombination sind besonders gefährlich.

Pferde vertrauen Menschen, aber wetten nicht auf sie.
SPRICHWORT

Weil Erdbeeren mit Pferdemist besser wachsen

Neunzehn Jahre lang habe ich Pferde gehasst, weil sie so gestunken haben.« Diese Aussage stammt von einem, der heute seinen Lebensunterhalt mit dem Training von Pferden verdient. Heute sieht er das anders und sagt: »Immerhin riechen sie besser als Kühe, Schweine, Hunde oder Katzen.« Doch viele Nichtreiter wissen Pferdeäpfel auch dann zu schätzen, wenn sie niemals aufs Pferd kommen.

Vor allem als Dünger ist Pferdemist gefragt. Jeder, der in Pferdeställen zu tun hat, hat schon mit einer Plastiktüte bewaffnete Sonntagsspaziergänger oder die Eltern eines Reitschulkindes dabei beobachten können, wie sie sich am Misthaufen bedienen. Und nicht nur Hobbygärtner sind dankbare Abnehmer von Pferdemist.

Pferdeäpfel sind billig zu haben: Jeder Reitstallbetreiber ist froh, seinen Mist loszuwerden. Zum anderen ist Pferdemist so beliebt, weil darin ein hoher Anteil an Mineralstoffen und Zellulose ist, der vor allem Pflanzen wie Erdbeeren, Orchideen und Rosen sehr gut zu bekommen scheint. (Achtung: Tomaten vertragen ihn nicht!) Auch Zuchtchampignons wachsen oft auf Pferdemist. Pferde sind nämlich keine Wiederkäuer, sodass die Zellulose, die im Gras enthalten ist, auf dem Weg durch den Pferdekörper kaum zersetzt wird, und Zellulosebestandteile sind förderlich für die Humusbildung. Außerdem gibt Pferdemist beim Zersetzungsprozess mehr Wärme ab als anderer Dünger – man nennt ihn deshalb auch hitzig –, weshalb er sich besonders gut für Frühbeete eignet. Das Stroh, das in fast jedem Misthaufen an den Pferdeäpfeln klebt, heizt die Wärmeentwicklung zusätzlich an.

Hobbygärtner können mit Pferdemist fast nichts falsch machen (Ausnahme: Tomaten), denn mit ihm ist die Gefahr der Überdüngung nicht so groß wie mit anderen Düngemitteln, da die Nährstoffe langsamer freigesetzt werden als zum Beispiel bei

Gülle oder Mineraldünger. Davon profitiert auch das Grundwasser: Pferdemist wird im ökologischen Landbau als Dünger eingesetzt, weil er relativ wenig Stickstoffverbindungen enthält, was die Nitratbelastung im Boden und Wasser verringert.

Seit Anfang des Jahres 2009 zählt Pferdemist statt zum Sondermüll zu den nachwachsenden Rohstoffen. Das heißt, dass Betreiber von Biogasanlagen Pferdemist als Substrat verwenden dürfen und dafür den Bonus für nachwachsende Rohstoffe (kurz: Nawaro-Bonus) von je sechs Cent pro Kilowattstunde eingespeistem Strom kassieren. Pferdemist findet aber noch in ganz anderen Bereichen Verwendung: zum Beispiel im Kunsthandwerk und in der Bauindustrie. Er wird als Zuschlagstoff und Bindemittel im Baulehm verwendet. Als solcher kommt er seit jeher beim Gießen von Kirchenglocken zum Einsatz (den Lehm erwähnt Schiller sogar in seinem Gedicht). Der Glockenkern aus Ziegeln wird mit Lehm, der mit Pferdemist und Rinderhaaren vermischt ist, in Schichten überzogen. Dann wird der Kern geheizt, der Mist trocknet.

Manche sprechen dem Pferdemist sogar eine heilende Wirkung zu – natürlich nicht, wenn man ihn einnimmt, sondern wenn man ihn auf die Haut aufträgt. Einige Stoffe, die in ätherischen Ölen enthalten sind, kommen auch im Pferdemist vor. Es ist also kein Wunder, wenn manche Menschen, vor allem junge Mädchen, finden, dass Pferdemist ausgesprochen angenehm riecht. Linda Tellington-Jones, die Erfinderin des Tellington Touches – einer Methode, Pferde durch massierende Berührungen von allen möglichen unerwünschten Verhaltensweisen zu befreien –, antwortete auf die Frage, warum sie Pferde mag, unter anderem: *To drink in the special smell of a horse fills my senses with joy.*

Wenn es im Jahre 1879 schon Computer gegeben hätte, würden diese vorausgesagt haben, dass man infolge der Zunahme von Pferdewagen im Jahre 1979 im Pferdemist ersticken würde.
JOHN C. EDWARDS, BRITISCHER ZUKUNFTSFORSCHER

Weil Pferde internationale Beziehungen fördern

Pferde tragen unheimlich viel zur Völkerverständigung bei. Fast jede Kultur hat eine eigene Pferderasse hervorgebracht, die sie dem Rest der Welt mit sehr viel Nationalstolz präsentiert. Deutschland, sonst ja eher nicht so patriotisch, ist hier keine Ausnahme. Die Deutsche Reiterliche Vereinigung betont in ihrem Jahresbericht für 2009, dass bei den Olympischen Spielen 2008 in Hongkong von den insgesamt 194 Pferden am Start nachweislich 52 deutscher Abstammung waren. Es stimmt, dass deutsche Pferde bei den Warmblutzüchtern vieler anderer Länder sehr gefragt sind.

Genauso ist das englische Vollblut überall auf der Welt beliebt und bewundert und wird seit Jahrhunderten in fast alle anderen Rassen eingekreuzt. Die Engländer selbst haben ihre Vollblüter aus Pferden gezüchtet, die sie einst aus Arabien mitbrachten. Und wenn ein Land eine zuvor fremde Pferderasse importiert, übernimmt es oft auch ein Stück Kultur, das damit verbunden ist. Auf diese Weise sind zum Beispiel mit den englischen Vollblütern Pferderennen in die USA gelangt, genauso wie die spanischen Gebrauchsreitweisen, und haben sich dort zu jeweils eigenen Reitstilen, Bräuchen und Gepflogenheiten weiterentwickelt.

In den letzten fünfzig Jahren scheint sich, ähnlich dem Motto, sich auf ein Europa der Regionen zu besinnen, anstatt die Vereinigten Staaten von Europa zu gründen, bei Pferderassen auch ein Trend weg von großen Nationalgebilden und hin zu kleinen, regional-ethnischen Besonderheiten abzuzeichnen. Alle möglichen exotisch anmutenden ausländischen Pferderassen sind im letzten Jahrhundert in Deutschland populär und heimisch geworden, zum Beispiel Isländer, Friesen, Tinker, Andalusier, Lusitanos oder Quarter Horses.

Und oft übernehmen die Reiter mit der Rasse auch etwas Landesübliches aus dem Heimatland ihres Pferdes: Islandfans laufen in den landesüblichen Islandpullovern herum, hören isländische Volksmusik, lesen die *Edda* und besuchen nicht selten sogar isländische Sprachkurse, um die Namen ihrer Pferde besser zu verstehen. Die Reiter von iberischen oder Barockpferden reiten in Kostümen und mit Frisuren aus früheren Jahrhunderten, die teilweise so auffällig sind, dass man den Eindruck bekommen könnte, sie wären wichtiger als das Reiten an sich. Quarter-Horse-Reiter tragen natürlich Westernhüte, Cowboystiefel und Indianerschmuck, hören bei ihren Zusammenkünften Countrymusik und grillen am Lagerfeuer traditionelle Kost aus dem Wilden Westen.

Wer es sich leisten kann, fährt im Urlaub in das Heimatland seiner Pferderasse oder verbringt gleich längere Zeit dort, um sich reiterlich weiterzubilden. Es gibt kaum einen professionellen Island-, Barock- oder Westernreiter, der nicht einen Teil seiner Ausbildung bei entsprechenden Trainern und Experten im Ausland absolviert hätte. Ein längerer Auslandsaufenthalt ist das beste Mittel, um seinen Horizont zu erweitern, das eigene Land und Verhalten aus einer völlig neuen Perspektive zu betrachten und Toleranz gegenüber dem Fremden zu entwickeln.

Wer nicht aus dem eigenen Land heraus kann, hat immer noch die Möglichkeit, bei Turnieren mit ausländischen Reitern in Kontakt zu kommen. Denn weder die Isländer noch die Amerikaner und die anderen Nationen lassen es sich nehmen, bei Weltmeisterschaften und anderen Turnieren, die auf die entsprechenden Rassen und Reitweisen ausgerichtet sind, der ganzen Welt zu zeigen, dass sie selbst immer noch die besten Vertreter ihrer eigenen Rasse züchten und diese auch am geschicktesten zu reiten verstehen.

Wer sein Huhn allein isst,
muss auch sein Pferd allein satteln.
SPRICHWORT

KAPITEL 3

Das Pferd an sich

They did not smell like horses.
They smelled like what they were, wild animals.
CORMAC MCCARTHY, »ALL THE PRETTY HORSES«

Weil es Pferde in fast allen Größen gibt

Die Größe eines Pferdes hängt von seiner Rasse ab. Grob eingeteilt gibt es Klein- und Großpferde, und das Stockmaß, ab wann ein Pferd als Pony gilt, ist genau definiert (zumindest in Inches). Aber niemand weiß, wie viele Pferderassen es tatsächlich gibt. Wikipedia listet eine große Anzahl auf, angefangen beim Abaco-Wildpferd bis zum Zweibrücker Warmblut. Schätzungsweise existieren zwischen 120 und 200 verschiedene Rassen. Das sind viele, besonders wenn man bedenkt, dass immer neue hinzukommen. Aber immerhin sind es weniger als Hunderassen: Deren Zahl liegt Schätzungen zufolge zwischen 600 und 1000, je nachdem, ob man bestimmte Unterarten schon als eigene Rasse definiert oder nicht.

Bei Pferden ist das nicht anders. Schon durch die Einkreuzung von Vollblütern oder Arabern kann eine neue Rasse oder Unterrasse entstehen, zum Beispiel bei den Arabo-Haflingern oder den Quarabs, einer Mischung aus Quarter Horse und Araber. Eigentlich sind jedoch die meisten Rassen schon immer dadurch entstanden – oder besser gesagt, vom Menschen gezüchtet worden –, dass man Araber oder Vollblüter eingekreuzt hat. In das so genannte Deutsche Warmblut wurden in den letzten Jahrzehnten immer mehr englische Vollblüter eingekreuzt, im Quarter Horse sind auch englische Vollblüter drin, und neuerdings wird sogar behauptet, dass in den Adern der Islandpferde – die Rasse, die für ihre tausend Jahre während Reinzucht berühmt ist (oder war) – ebenfalls vollblütiges Blut fließt: Das Verbot, Pferde nach Island zu importieren, gibt es vermutlich erst seit kurz nach Beginn des 20. Jahrhunderts.

Neue Rassen entstehen oft dadurch, dass jemand zwei oder mehr Pferderassen ihrer Vorzüge wegen liebt und dann versucht, diese in einer zu vereinen. Pferdeleute sind nämlich – ähnlich wie

Hundebesitzer – ausgesprochen rassistisch und felsenfest davon überzeugt, dass diejenige, die sie am liebsten haben, die allerbeste ist. Unter vielen Isländerfans lebt man gefährlich, wenn man ein gutes Wort über Haflinger verliert, und manche sehen einen himmelweiten Unterschied zwischen einem Paint Horse und einem Quarter Horse, obwohl sie sich eigentlich nur durch die Farbe unterscheiden. Für manche, vor allem für Außenstehende, die nichts mit Pferden zu tun haben, wirkt das befremdlich.

Als ich an der Herausgabe des Buches »Ausgewählte Hengste Deutschlands« mitwirkte, einem selektiven Verzeichnis von deutschen Warmbluthengsten, also Oldenburgern, Trakehnern, Holsteinern, Hannoveranern und so weiter, gestand mir eine Kollegin, die beim Korrekturlesen half, dass sie das Vokabular beängstigend an die Sprache der nationalsozialistischen Rassenlehre erinnerte. Es stimmt, dass hier ziemlich viel von mehr oder weniger reinem Blut die Rede ist, das in den Adern fließt oder durch seinen Zuschuss veredelt, und von solchen Dingen. In den Stammbäumen stößt man außerdem auf Namen wie Faschist, Faschistentanz, Faschistenfürst etc. Vielleicht sind ihnen aber einfach nur die Namen mit F ausgegangen?

Alles Große bildet, sobald wir es gewahr werden.
JOHANN WOLFGANG VON GOETHE

Weil es Pferde in fast allen Farben gibt

Die Farbvielfalt unter Pferden ist zwar nicht ganz so groß wie die der Rassen, obwohl es auch hier unzählige Unterarten wie Braun-, Grau-, Apfel- oder Rotschimmel gibt. Die Farbe hängt jedoch meistens mit der Rasse zusammen und löst genauso fanatische Diskussionen aus. In einigen Fällen beschäftigen Pferdefarben sogar fachfremde Wissenschaften: Forscher wollen zum Beispiel aus Shakespeares Werken herausgelesen haben, dass er auf Rotschimmel stand.

In der Regel ist es so, dass eine Rasse jeweils ein bestimmtes Farbideal in ihrem Zuchtbuch verankert hat: Friesen sind schwarz, Lippizaner weiß, Haflinger hellbraun mit blonder Mähne, Quarter Horses sollten keine Abzeichen haben, Knabstrupper sind Tigerschecken, Lewitzer sind normale Schecken. Letztere sind eine ziemlich neue Rasse, die zeigt, dass das mit dem vorgeschriebenen Farbideal nicht etwa dem Aberglauben dunkler Vorzeiten entsprungen ist.

Früher galten zum Beispiel Füchse als temperamentvoll und leicht verrückt, Rappen brachten Unglück, Schimmel waren phlegmatisch und Braune gesund. Komplizierter wurde es dann bei den Abzeichen an Kopf und Beinen. Die Ureinwohner Nordamerikas zum Beispiel waren fest davon überzeugt, dass Pferde mit einem so genannten Medicine Hat unverwundbar waren. Medicine Hats sind Schecken, bei denen die Ohren und der obere Teil des Kopfes farbig sind, ebenso wie die Gegend um die Augen und den Schweifansatz und ein Teil der Brust. Diese Farbverteilung ließ das Pferd für die Indianer aussehen, als hätte es einen Kriegshelm auf dem Kopf und einen Schutzschild auf der Brust.

Indianer haben ihre Pferde außerdem mit künstlichen Farben bemalt, bevor sie in einen Kampf zogen, um ihnen zusätzliche Kräfte zu verleihen oder eine besondere Schutzwirkung auf sie zu ziehen. In europäischen Breiten wurden Pferde zwar auch bemalt, weil man mit den Farben bestimmte Eigenschaften assoziierte, aber in der Regel geschah das eher aus dem prosaischen Motiv heraus, potenzielle Käufer zu täuschen. Bevor man darüber lacht, sollte man bedenken, dass viele Reiter auch heute noch ihre Pferde fürs Turnier bemalen: Sie lackieren ihnen die Hufe, sprühen sie mit Glanz- und Glitzersprays ein, färben Mähne und Schweif nach und schwärzen die Partie um Nüstern und Augen, in dem Glauben, dass ihnen das die Gunst der Richter gewinnt. So groß ist der Unterschied zu den Indianern vor der Schlacht also eigentlich nicht.

Es heißt zwar immer, dass ein gutes Pferd keine Farbe hat, und nur wenige werden zugeben, dass sie ihr Pferd wegen seiner Farbe gekauft haben oder dass sie auf Farbe züchten, aber die Praxis sieht anders aus. Weniger aus Aberglauben als aus dem einfachen Grund, dass sich schön aussehende Pferde leichter – und teurer – verkaufen lassen.

Wie das Schönheitsideal bei Menschen variiert auch das Farbideal bei Pferden. Manchmal sind Palominos in, manchmal Schecken, manchmal alles außer Schecken. Die Besitzer von Zuchthengsten werben deshalb oft sogar damit, dass ihr Hengst ein bestimmtes Farbmerkmal oder eine bestimmte Farbe zuverlässig an seine Nachkommen weitergibt. Im Internet gibt es Rechenmaschinen, in die man die Farben der Eltern und Großeltern eingeben kann, um auszurechnen, mit welcher Wahrscheinlichkeit das Fohlen mit welcher Farbe zur Welt kommt. Wenn bei der Zucht mehr Wert auf die Farbe als auf die Eigenschaften eines Pferdes gelegt wird, ist allerdings zu befürchten, dass die Qualität unter Umständen darunter leidet. Manche Reiter sprechen zum Beispiel von Mähnenpferden, das sind die mit üppiger, nicht selten bodenlanger Mähne, die allerdings außer ihrer Mähne nicht viel vorweisen können, was für sie spräche.

Farbenpracht blendet das Auge.
LAO TSE

Weil es Hengste, Wallache und Stuten gibt

Mindestens genauso eifrig wie Reiter über Rassen streiten und Farben züchten, so wild diskutieren sie auch darüber, ob Stuten, Hengste oder Wallache besser zum Reiten geeignet sind. Stuten sind zickig, Hengste nicht zu bändigen und Wallache faul und langweilig – so lauten die gängigen Vorurteile. Anhänger eines bestimmten Pferdegeschlechts behaupten wiederum, dass man mit Wallachen konzentrierter arbeiten kann, Stuten sensibler und empfänglicher für Hilfen sind und Hengste sich ausdrucksvoller bewegen.

In manchen Ländern fühlen männliche Reiter sich unbehaglich, wenn sie mit Wallachen zu tun haben. Vor allem in den iberischen Kulturen ist es aus Tradition üblich, nur Hengste zu reiten. Spanische Männer setzen sich ungern auf Wallache oder Stuten, weil ihr Reittier ihre eigene Männlichkeit widerspiegeln soll. Ähnlich äußert sich Mephisto in Goethes *Faust*: »Wenn ich sechs Hengste zahlen kann, / Sind ihre Kräfte nicht die meinen? / Ich renne zu und bin ein rechter Mann, / Als hätt ich vierundzwanzig Beine.« Mit einem Hengst unterstrichen besonders Könige und andere Herrscher von hohem Rang ihre Macht, ihre Potenz und ihre Stellung in der Gesellschaft – das ist heute mit Autos ja nicht viel anders.

Es gibt aber auch andere Gründe, warum manche Reiter Hengste bevorzugen. In der Spanischen Hofreitschule in Wien zum Beispiel werden ausschließlich Hengste eingesetzt, weil die Übungen der Hohen Schule den Bewegungen ähneln, die sie auch von Natur aus an den Tag legen. Angeblich ist es leichter, eine Levade oder Pesade, bei der das Pferd auf den Hinterbeinen steht, einem Hengst beizubringen als einer Stute, weil Hengste von Natur aus steigen, wenn sie mit Rivalen kämpfen, wohingegen Stuten eher mit der Hinterhand auskeilen.

Das bedeutet jedoch nicht, dass Stuten die Figuren nicht lernen könnten. Wie bei Menschen sind die Unterschiede zwischen zwei Individuen gleichen Geschlechts schließlich oft gewichtiger als die typischen Geschlechtsmerkmale. Wenn Stuten nicht geritten werden, kann das ganz einfach auch daran liegen, dass sie für die Vermehrung zuständig sind und ständig Fohlen bei Fuß haben.

Und wenn plötzlich mehr Hengste als sonst kastriert werden, kann das auch ganz banale Gründe haben. Vielleicht liegt es daran, dass der Staat, wie kürzlich in den USA geschehen, eine Prämie für die Kastration von Hengsten bezahlt, um die Menge an ungewollten Pferden einzudämmen. Ob ein Hengst kastriert wird oder nicht, hängt im Normalfall hauptsächlich davon ab, ob er sich zur Zucht eignet. Es ist wenig sinnvoll, einen Hengst nicht zu kastrieren, wenn er sowieso nicht decken darf. Denn natürlich ist es schwieriger, einen Hengst artgerecht zu halten als eine Stute oder einen Wallach, weil Hengste mehr als diese dazu neigen, mit anderen Hengsten oder Wallachen zu kämpfen. Es gibt wenige Ställe, in denen Hengste zusammen mit anderen Hengsten oder Wallachen im Herdenverband leben.

Wenn es ums Züchten geht, achten die meisten Pferdeleute mehr auf die Hengste als auf die Stuten. Bei einem Fohlen wird immer zuerst gefragt, wer der Vater ist, selten zuerst nach der Mutter, und dann höchstens nach dem Vater der Mutter. Dabei hat genetisch gesehen die Stute einen höheren Anteil daran, wie das Fohlen sich entwickelt. Außerdem ist ihr Charakter wegen der Früherziehung, die sie dem Fohlen mitgibt, prägender für den des Fohlens als der des Vaters. Dass Züchter trotzdem so viel Aufhebens um die Hengste machen, liegt daran, dass sie wesentlich mehr Nachkommen zeugen können als eine Stute und man deshalb leichter sehen kann, wie sie sich vererben und welche Eigenschaften sie an ihre Nachkommen weitergeben.

Seit Kurzem ist es durch Embryonen-Transfer zwar möglich, dass eine Stute mehrere Nachkommen im Jahr bekommt, indem ihre Fohlen in andere Stuten verpflanzt und von diesen ausgetragen werden, aber ob das tatsächlich so eine gute Idee ist,

ist sehr umstritten. »Vergessen Sie doch den ganzen Rummel um die Hengste«, sagte Jean-Claude Dysli schon vor zehn Jahren in einem Interview mit der Zeitschrift *Cavallo*. Hat ein Züchter gute Stuten, sei es »wurscht, ob ich einen tollen Hengst oder einen Esel drauflasse – die produzieren immer das Beste vom Allerbesten«.

Ich liebe nicht Pferde, ich liebe meine Frau.
CHRISTOPH RIESER

Weil man auf Zebras und Kühen nicht so gut reiten kann

Laut seinem wissenschaftlichen Namen, *Hippotigris*, ist das Zebra ein Tigerpferd. Welche Funktion seine Streifen erfüllen, ist bisher nicht geklärt. Wissenschaftler haben beobachtet, dass Zebras sich innerhalb einer Herde gegenseitig an ihren individuellen Streifenmustern erkennen. Allerdings würden sie das wahrscheinlich auch ohne die Streifen schaffen.

Im Gegensatz zu Pferden, Eseln und Kühen hat der Mensch Zebras nie als Haus- oder Reittiere gehalten oder mit ihnen gezüchtet. Der Hauptgrund dafür ist, dass sie einen geringeren Herdentrieb haben. Ihre Rangordnung und die gesamte Herdenstruktur sind loser aufgebaut als die von Pferden. Deswegen ordnen Zebras sich nicht so leicht unter und folgen wirklichen oder vermeintlichen Herdenmitgliedern nicht so anhänglich nach.

Um das zu ändern, hat der Mensch versucht, Zebras mit Pferden und Eseln zu kreuzen. Normalerweise ist dabei das Zebra der Vater. Doch derartige Kreuzungen haben nie viele Anhänger gefunden. Erst seit 2007 in einem Safaripark ein Fohlen zur Welt kam, das eine Zebrastute zur Mutter und einen weiß-braunen Scheckhengst zum Vater hat, interessiert sich die Welt für Zebra-Pferd-Kreuzungen. Dabei war die Paarung zwischen der Zebrastute und dem Scheckhengst kein Züchterexperiment, sondern ein Unfall. Sie geht allein auf die Leidenschaft der beiden Elterntiere zurück: Die Pferderanch grenzte an den Safaripark. Was die Aufmerksamkeit der Medien ausgerechnet auf diese Kreuzung lenkte, war die Farbe des Fohlens. Sein Kopf und sein Hinterteil sind zebraartig getigert, allerdings in Brauntönen, und in der Mitte ist es weiß. Interessenten aus den USA, Neuseeland und Australien wollten es kaufen. Eclyse, so heißt das Tier, soll jetzt mit einem Ponyhengst gepaart werden, der ebenfalls weiße und braune Flecken aufweist. Auf das Ergebnis darf man gespannt sein. Vielleicht wird der Mensch irgendwann auch anfangen, Zebras zu reiten.

Kühe haben zwar eine ähnlich ausgeprägte Herdenstruktur wie Pferde und eignen sich sehr als Haustiere, aber im Reitsport haben sie keine Fans gefunden. Auf ihnen reitet es sich vor allem wegen ihrer Körperform ziemlich schlecht. Dazu kommt, dass moderne Kuhrassen so stark auf Milchleistung gezüchtet sind, dass ihnen das Euter schon beim Laufen im Weg ist – und erst recht beim Reiten. Stiere setzt man zwar für Rodeos ein, aber trotz der Bezeichnung Bullenreiten hat der Sport nicht viel mit echtem Reiten zu tun. Es handelt sich mehr darum, sich auf dem Tier oben zu halten, und nicht um Verständigung mit dem Reittier. In Deutschland ist Bullenreiten aus Tierschutzgründen verboten worden. Ochsenrennen sind noch erlaubt, aber wahrscheinlich nicht mehr lange: Tierschützer haben darauf aufmerksam gemacht, dass die meisten Ochsen dabei sehr verängstigt wirken, unter Stress leiden und durch Schläge und andere fragwürdige Methoden zum Laufen animiert werden. Auf vielen Reitsportturnieren trifft das auf die Pferde genauso zu, doch hier ist ein Verbot nicht in Sicht.

Er sattelt den Ochsen
und koppelt die Pferde.
SPRICHWORT

Weil Pferde älter werden als Hunde und Katzen

Von seiner Lebenserwartung her müsste das Pferd eigentlich an dritter Stelle unter den Säugetieren stehen. An erster Stelle steht der Mensch, der – biologisch gesehen – eigentlich 120 Jahre alt werden könnte. Biologisch gesehen heißt, wenn ihm nichts passiert und seine Lebensbedingungen und die genetisch-körperlichen Voraussetzungen optimal sind. An zweiter Stelle steht der Elefant, und an dritter folgt eben das Pferd. Biologisch gesehen könnten Pferde also 60 Jahre alt werden.

Doch während Menschen inzwischen immer öfter ihre biologischen Möglichkeiten ausreizen und recht nah an die 120 herankommen, liegt die durchschnittliche Lebenserwartung eines Pferdes nur bei ungefähr elf Jahren. Immerhin ist das schon ein Fortschritt – vor gut zehn Jahren waren es nur sieben oder acht. Die häufigsten Krankheiten beim Pferd, und damit auch die Hauptursachen für ihren zu zeitigen Tod, sind Schäden am Bewegungsapparat, an den Atemwegen und der Verdauung – sprich: Koliken.

Daran ist natürlich niemand anderes als der Mensch schuld. Den Bewegungsapparat eines Pferdes kann man eigentlich nur dadurch beschädigen, dass man auf ihm reitet oder Leistungen von ihm verlangt, die es überfordern: zu hohe Hindernisse und Dressurübungen, die es in eine unnatürliche Haltung zwingen. Es ist schwer vorstellbar, dass ein Pferd in freier Natur seinen Bewegungsapparat schädigt. Da müsste es schon in vollem Galopp in ein Maulwurfsloch treten, böse stolpern und hinfallen.

Dasselbe gilt für die Erkrankungen der Atemwege. Unter freiem Himmel hat das Pferd genügend frische Luft für seine Lungen zur Verfügung. In den kleinen, niedrigen, staubigen, schlecht belüfteten und zudem oft noch beheizten Ställen, in die es der Mensch – verleitet von seinen eigenen Vorlieben als Höhlenbewohner – gerne einsperrt, hat es das nicht. Dass diese Ställe oft viel zu dunkel sind, schadet dem Immunsystem des Pferdes zusätzlich: Sein Stoffwechsel und seine Haut brauchen viel Luft und viel Licht. Holt der Mensch das Pferd für eine Stunde am Tag aus seiner Box, bekommt es meistens auch dann keine frische Luft, sondern stattdessen eine staubige Reithalle oder einen staubigen Reitplatz zu sehen.

Auch die Verdauungsprobleme des Pferdes verursacht der Mensch. Von der Natur her ist sein Magen darauf ausgelegt, dass es sechzehn Stunden am Tag frisst – nicht zwei- oder dreimal am Tag eine halbe – und sich außerdem dabei langsam vorwärtsbewegt.

Eigentlich wissen alle Reiter und Pferdebesitzer längst, wie eine optimale Haltung aussehen sollte. An den Möglichkeiten, sie ihrem Pferd in der Realität zu bieten, scheitern sie jedoch oft. Noch immer werden neue Ställe mit viel zu kleinen Boxen gebaut, Offen-, Bewegungs- und Aktivställe sind in der Minderheit. Diese bringen aber durchaus auch Nachteile für das Pferd mit sich, zum Beispiel Stress für rangniedrige Herdenmitglieder, die dann nicht genug Futter abbekommen. Fütterungscomputer, die dafür sorgen sollen, dass Pferde öfter kleinere Mahlzeiten zu sich nehmen, sind gegen den Einfallsreichtum tricksender Tiere oft machtlos. Seine Liebe zu Pferden sollte man ihnen also durch bessere Lebensbedingungen zeigen, damit sie endlich älter werden können.

Alter Hund bellt nicht umsonst.
Sprichwort

96

Weil Pferde im Kreis sehen können

Im Gegensatz zum Menschen tragen Pferde ihre Augen seitlich am Kopf. Deswegen haben sie ein Sehfeld von fast 360 Grad. Sie können gleichzeitig nach vorne, zur Seite und nach hinten blicken. Direkt vor ihrer Nase und direkt hinter ihnen liegt ihr toter Winkel. Um zu erkennen, was sich an diesen Stellen befindet, müssen sie den Kopf drehen. Sie sehen weniger scharf als Menschen, können dafür aber mehrere Dinge gleichzeitig deutlich erblicken.

Die Natur hat sie so ausgestattet, da sie als Fluchttiere in der Steppe ein ziemlich weites Gebiet im Auge behalten mussten. Wenn zwei Feinde sich aus verschiedenen Richtungen näherten, musste das Pferd sie gleichzeitig erkennen. Das ist auch der Grund, warum Pferde so empfindlich auf die kleinsten optischen Veränderungen in ihrer gewohnten Umgebung reagieren und zum Beispiel vor einem bekannten Gegenstand wie einem Traktor plötzlich scheuen, wenn er woanders geparkt ist.

Auch in der Dämmerung sehen Pferde besser als Menschen, weil sich hinten an ihrem Auge, ähnlich wie bei Katzen und anderen nachtaktiven Tieren, eine Art Reflektor befindet, der das einfallende Licht auf die Netzhaut zurückwirft. Ob und welche Farben sie unterscheiden können, ist umstritten. Wahrscheinlich nehmen sie Blau und Rot ganz gut wahr, Grün und andere Farben dagegen nur als Grautöne. Das hat Mutter Natur so eingerichtet, damit sie Blüten auf grünen Wiesen besser erkennen und fressen können. Das hat aber heute noch einen gewissen Vorteil, denn wahrscheinlich würden viele Pferde sich weigern, die Decken, Halfter und Gamaschen in den Farben und Mustern der Saison zu tragen, welche die Reitsportartikelhersteller immer wieder neu entwerfen, um mit dem Modebewusstsein vor allem von jungen Mädchen und Frauen Geld zu verdienen.

Das Farbsehvermögen von Pferden machen sich inzwischen auch manche Trainingsmethoden zunutze. In der so genannten Dualaktivierung, die Michael Gleitner entwickelt hat, setzt der Reiter Stangen, Pylonen und anderes Zubehör in den Farben Blau und Gelb ein, sodass das Pferd mit seinen zwei Augen verschiedene Farben sieht. Dadurch sollen seine beiden Gehirnhälften dazu angeregt werden, stärker miteinander zu kommunizieren – angeblich tun sie das sonst noch schlechter als beim menschlichen Gehirn –, und das Tier soll dadurch ausbalancierter und ausgeglichener werden. Pferde nehmen normalerweise Gefahren mit dem linken Auge wahr und suchen mit dem rechten den Fluchtweg.

Was Michael Gleitner zu seiner neuen Erfindung inspiriert hat, darüber ließ Cormac McCarthy bereits seine Cowboys im Amerika der 50er Jahre spekulieren. Sie haben die Erfahrung gemacht, dass Pferde auf denselben Menschen unterschiedlich reagieren, wenn er sich ihnen von rechts oder von links nähert. Daraus schlossen sie, dass die linke und die rechte Seite des Pferdes sich nicht miteinander austauschen und man ein Tier deshalb von beiden Seiten trainieren müsste, um eine vollkommene Balance zu erzielen. Anstatt blaue und gelbe Stangen einzusetzen, verfielen sie jedoch auf die Lösung, Zwillinge zu verwenden. Dass auch bei manchen Menschen die eine Seite nicht weiß, was die andere tut, daran gibt es keinen Zweifel; doch im Gegensatz zu Pferden ist es bei ihnen nicht angeboren, sondern antrainiert.

Jedes Ding hat drei Seiten:
eine, die du siehst; eine, die ich sehe;
und eine, die wir beide nicht sehen.«
CHINESISCHE WEISHEIT

Weil Pferde immer nach Hause finden

Geschichten von Hunden und Katzen, die über Tausende von Kilometern zu ihren Besitzern zurückgefunden haben, gibt es viele. Von Pferden hört man das seltener. Dabei finden Pferde auch immer nach Hause. Vielleicht sind sie nur einfach zu groß, um sich auf ihrem Heimweg unauffällig durchzuschlagen. Oder sie haben nicht so viele Gelegenheiten, einem neuen Besitzer zu entwischen.

Dass Pferde immer zum Stall zurückfinden, liegt daran, dass sie Herdentiere sind, und zwar organisierte. Ihre Herde ist nicht einfach nur ein loser, anonymer Zusammenschluss von mehreren Tieren, sondern die Mitglieder kennen sich alle untereinander, und es herrscht eine genaue Rangfolge. Die Leitstute bestimmt, wann die Herde wohin geht, der Leithengst ist eher dafür zuständig, auf mögliche Feinde zu achten. Bei einer Flucht läuft die Leitstute vor der Herde, der Hengst hinten. Innerhalb seiner Herde fühlt sich das Pferd sicher, weil mehr Augen, Nasen und Ohren leichter vor Feinden schützen und Nahrung und Wasser schneller finden als die von einem Pferd, das auf sich allein gestellt in der Steppe umherirrt.

In der heutigen Zeit können Pferde zwar nicht mehr frei wählen, mit wem sie zusammen in einer Herde leben wollen, und die Herden in einem Stall bestehen auch eher aus gleichgeschlechtlichen Tieren, aber trotzdem sind sie dem Pferd immer noch so wichtig, dass es sich nur ungern davon entfernt. Aus der Sicht eines Pferdes ist es vollkommen sinnlos, seine Herde zu verlassen. Wenn der Reiter es trotzdem von ihm verlangt, strebt es danach, möglichst schnell zu ihr zurückzukehren. Deshalb wird es bei jeder Gelegenheit umkehren und die nächste Abzweigung zurück zur Herde nehmen, wenn der Reiter es zulässt. Das ist ein Glück für diejenigen Reiter, die ihre Orientierung im Gelände verloren haben. Und Pech für alle, deren Pferde gegen ihren Willen umdrehen oder den Stall erst gar nicht verlassen, weil sie bei ihrer Herde bleiben wollen.

Solche Pferde fühlen sich bei ihrem Reiter nicht sicher, das heißt, er hat es nicht geschafft, die Leitstute zu ersetzen. Dieses Problem ist schwerer zu beheben als das eines Reiters mit einem Pferd ohne Herdentrieb. Es kommt nämlich auch vor, dass Pferde bei einer Abzweigung, an der ihr Reiter nicht weiter weiß, einfach stehen bleiben, anfangen zu grasen und keine Anstalten machen, zu ihrer Herde – also ihrem Stall – zurückzukehren. Das passiert, wenn sie erst seit Kurzem in einem neuen Stall wohnen. Schließlich leben wir in einer Gesellschaft, in der der Arbeitsmarkt von jedem verlangt, stets umzugsbereit zu sein, und für Pferde ist ein Umzug noch weniger angenehm als für Menschen. In der Natur bleiben sie gewöhnlich ein Leben lang im selben Herdenverband, oder sie wechseln ihn höchstens ein einziges Mal.

Vielleicht fühlt sich das Pferd, das nicht nach Hause will, in seiner von Menschen zusammengewürfelten Gruppe auch einfach nicht wohl und würde lieber in eine andere Herde wechseln, wenn es könnte. Es gibt auch Pferde, die nur an manchen Tagen zum Stall zurück wollen, an anderen dagegen nicht. Im Gelände hat man es als Reiter jedenfalls oft nicht leicht, sei es, weil das Pferd in eine andere Richtung will oder weil im Wald die Hinweisschilder fehlen. Tipp für Tüftler: Vielleicht lässt sich mit Navigationsgeräten, die sich wirklich für Reiter eignen, viel Geld machen.

Willst du das Leben leicht haben,
dann bleibe immer bei der Herde.
Friedrich Nietzsche

Weil Pferde Gras und Schokolade mögen

In seinen frühen evolutionären Entwicklungsstadien war das Pferd ein Laubfresser, auf dessen Speiseplan gelegentlich auch Waldfrüchte standen. Erst als die Wälder aufgrund klimatischer Veränderungen schrumpften, hörte das Pferd auf, auf den Hinterbeinen zu laufen, und spezialisierte sich auf Gras. Um Gras kauen zu können, brauchte es scharfe, harte Zähne mit einem stabilen Zahnschmelz. Deswegen vernachlässigte die Natur erst einmal sein Gehirn und konzentrierte sich darauf, hauptsächlich seine Zähne weiterzuentwickeln, während der restliche Körper über mehrere Evolutionsstadien hinweg weitgehend gleich blieb.

Gras wehrt sich dagegen, gefressen zu werden, vor allem, wenn es von zu vielen Pflanzenfressern überweidet wird. Es bildet dann vermehrt Kieselsäure, die den Verdauungsapparat von Pflanzenfressern angreift und sie abmagern lässt. Dass Pferde trotzdem möglichst viel Gras beziehungsweise Raufutter fressen sollten, wenn auch in getrockneter Form als Heu oder Silage, ist ziemlich unumstritten. Was man ihnen sonst am besten füttern sollte, darüber gehen die Meinungen allerdings weit auseinander. Neue Forschungsergebnisse lösen einander ständig ab, sodass – ähnlich wie bei den Empfehlungen für eine gesunde Ernährung des Menschen – mal das eine gut ist und mal etwas anderes. Hafer erlebt zum Beispiel zurzeit eine Art Comeback, nachdem er in den letzten zehn Jahren eher als Hufrehe-Auslöser verpönt war: Ähnlich wie Schokolade soll er glücklich machen – anderen Getreidesorten wie Gerste oder Mais fehlt dieser Effekt.

Ein Problem, das in letzter Zeit ständig im Zusammenhang mit der Ernährung der Tiere zur Sprache kommt, ist versehentliches Doping. Denn die optimierten Futtermittel für Pferde, die inzwischen auf dem Markt angeboten werden, ähneln dem functional food für Menschen aus den USA. Functional food bedeutet, dass normale Nahrungsmittel mit gesundheitsfördernden Substanzen wie Vitaminen, Mineral- oder sekundären Pflanzenstoffen angereichert werden. Ein einfaches Beispiel: Kakaopulver oder Orangensaft mit Calcium. Ähnlich nützliche Zusätze finden sich auch in vielen Futtermischungen für Pferde. Die Folge davon ist, dass nichtsahnende Pferdebesitzer auf Turnieren die Dopingkontrollen nicht mehr bestehen.

Früher war das bekannteste versehentliche Dopingmittel Schokolade. Angeblich beruhigt es die Nerven, aber wahrscheinlich müsste ein so großes Tier wie das Pferd ziemlich viele Tafeln davon essen, bevor tatsächlich eine Wirkung eintritt. Abgesehen von den Auswirkungen auf Nerven und Dopingkontrollen steht fest, dass die meisten Pferde Schokolade mögen. Sie fressen überhaupt so ziemlich alles, nicht nur Gras und Getreide, sondern auch alle möglichen Sorten Obst und Gemüse oder eben Süßigkeiten, Salzstangen und Chips. Islandpferde mögen angeblich sogar Fisch, und manche, unabhängig von der Rasse, sollen auf Alkohol stehen.

Dass manche Pferde einfach alles fressen und andere wiederum unglaublich heikel sind und Leckerlis in bestimmten Geschmacksrichtungen verschmähen, macht sie allein schon unheimlich liebenswert. Was fast jeder Reiter noch mehr mag und wovon er nie genug bekommen kann, ist jedoch, seinem Pferd beim Fressen zuzuhören und zuzusehen. Es gibt nämlich kaum ein Geräusch, das so beruhigend ist und so friedlich stimmt wie das Kauen eines Pferdes, das zufrieden auf seinem Heu oder Stroh herummalmt oder rhythmisch mit seinen Lippen Gras ausrupft.

Man darf nicht das Gras wachsen hören,
sonst wird man taub.
GERHART HAUPTMANN

Weil Pferden Wind und Wetter nichts ausmachen

Obwohl seit Jahren alle vom Klimawandel reden, ist es bei uns im Winter trotzdem kalt. Oder zumindest nass. Und das wesentlich länger, als warme Temperaturen herrschen. Erst in ein paar hundert oder tausend Jahren werden sich vielleicht die Klimazonen so deutlich verschoben haben, dass in Deutschland mediterrane Wetterbedingungen herrschen, während die Mittelmeerländer zu Wüsten vertrocknen und andere unter dem gestiegenen Meeresspiegel versinken. Manche Forscher sagen jedoch voraus, dass durch die Erderwärmung die Meeresströmungen durcheinandergeraten. Das würde dazu führen, dass der Golfstrom ausfällt, sprich: dass es bei uns in Europa kälter anstatt wärmer wird. Wir hätten dann etwa russisches Tundrenklima.

Doch selbst wenn die erste Vorhersage eintrifft, werden wir noch ein paar Jahrhunderte in der Kälte ausharren müssen, bis bei uns spanisch-italienische Verhältnisse herrschen. Und auch in südlichen Ländern spricht man nicht umsonst vom Winterregenklima. Es schneit vielleicht nicht, aber es ist trotzdem nasskalt. Wir werden uns also auch in Zukunft erkälten, werden husten und von der Grippe erwischt werden.

Pferden dagegen machen Kälte und unwirtliches Wetter nichts aus. Wenn sie husten, liegt das meistens daran, dass die Menschen es zu gut mit ihnen gemeint und in den Ställen die Fenster geschlossen haben, damit es ihnen nicht kalt wird. Die Folge davon ist jedoch, dass die Pferde zu wenig frische Luft bekommen, die Staub- und Ammoniakkonzentration ansteigt und ihre Atemwege angreift. Vor den Einflüssen von Kälte, Wind, Regen und Schnee schützt man Pferde am besten, indem man ihnen ihr natürliches Winterfell lässt, und nicht durch geschlossene, beheizte Stallungen oder gar, indem man sie eindeckt. Das Winterfell hat nicht nur längere Haare, sondern auch mehr. Sie stehen dichter zusammen als im Sommer und bilden um das Pferd eine dicke Isolierschicht aus Luft.

Pferde, die von ihren Besitzern geschoren und eingedeckt werden, haben es viel schwerer. Sie sind anfälliger für Auskühlung durch Zugluft und leiden häufiger an Atemwegserkrankungen und Hautkrankheiten als nicht geschorene Pferde. Sind sie eingedeckt, dringt an ihr Fell und ihre Haut kaum noch natürliches Sonnenlicht. Das schwächt ihr Immunsystem, denn Pferde benötigen Sonnenstrahlen für ihren Vitaminhaushalt. Außerdem brauchen sie den Kontakt zu Artgenossen, mit denen sie sich beknabbern können. Sonst fühlen sie sich nicht wohl, worunter wiederum ihr Immunsystem leidet.

Ein gesundes Pferd friert im Winter auch ohne Decke nicht, weder im Stall noch auf der Weide, zumindest wenn es sich einigermaßen bewegen kann. Ist die Fettschicht in seinem Fell intakt, fließt das Regenwasser ab, bevor es überhaupt zur Haut vordringen kann. Unbehelligt vom Menschen wären Pferde fähig, überall auf der Welt zu überleben, in jeder Klimazone, egal, wie kalt es im Winter wird. Sie sind extrem anpassungsfähig, sonst hätten sie sich gar nicht erst auf dem ganzen Planeten ausbreiten können. Die Stalltemperatur sollte im Winter nur wenige Grade über der Außentemperatur liegen – wenn überhaupt. Pferde sind Steppentiere und halten sich am liebsten unter freiem Himmel auf. Selbst wenn sie dabei eingeschneit werden. Wir alle kennen Bilder von beschneiten Pferden, zum Beispiel von halb wild lebenden Isländern oder Mustangs in den USA. Im Innern ist es ihnen trotzdem warm, und hier bei uns in Deutschland sind die Winter längst nicht so kalt. Menschen sind Höhlentiere und kriechen am liebsten in enge, dunkle, warme Räume, wenn es draußen kalt ist. Sie sollten Pferde dafür lieben, dass sie sie nicht in ihre Wohnungen mitnehmen müssen, sondern einfach draußen lassen können.

Also bis jetzt haben unsere Kinder diese brutalen
südkalifornischen Winter gut überstanden.
ALF, WENN DIE SCHWIEGERMUTTER KOMMT

Weil Pferde lieber flüchten als kämpfen

Stell dir vor, es ist Krieg, und keiner geht hin – dieses berühmte Zitat stammt von Carl Sandburg. Er meinte es wahrscheinlich gar nicht als Aufruf zum Pazifismus. Doch die Vision einer Welt, frei von Kriegen – oft wird auch John Lennon und Bertolt Brecht die Urheberschaft des Spruchs zugeschrieben –, wäre längst Wirklichkeit, wenn Menschen so wären wie Pferde. Pferde flüchten nämlich lieber, als dass sie kämpfen. Erst wenn sie nicht mehr anders können, wenn man sie in eine Ecke treibt und sie sozusagen mit dem Rücken zur Wand stehen, setzen sie sich zur Wehr – und selbst das nicht immer.

Um Pferde zum Kämpfen zu bewegen, braucht es schon sehr viel Einsatz. In manchen Kulturen, zum Beispiel in Island und China, haben Menschen früher Hengste aufeinandergehetzt – ein ähnlich grausames Spektakel wie Hahnen- oder Hundekämpfe. Dazu nahmen die Menschen den Pferden jede Fluchtmöglichkeit und stachen mit Stecken auf sie ein oder schlugen sie, bis die Pferde vor Schmerzen durchdrehten und aufeinander losgingen. Vermutlich dienten solche Kämpfe dazu, Streitigkeiten unter den Besitzern der Hengste zu regeln.

Natürlich kämpfen Hengste in der Natur auch manchmal miteinander, hauptsächlich wenn ein junges Tier einem schwächer werdenden alten Leithengst seine Stutenherde streitig macht oder wenn der Leithengst rivalisierende Jungtiere aus der Herde vertreibt. Doch da es immer das oberste Gebot der Natur ist, die Art zu erhalten und zu vermehren, haben diese Kämpfe sinnvollerweise so wenig Verletzungen wie möglich zur Folge. Die Tiere täuschen hauptsächlich an und ziehen eher eine Show ab, als dass sie sich wirklich gegenseitig verletzen.

Kämpfen liegt Pferden so fern, dass es sich wohl auch um eine Vermenschlichung der Tiere handelt, wenn berittene Soldaten behaupten, ihre Pferde wären gerne mit ihnen in die Schlacht gezogen und hätten sich kampfeslustig für sie eingesetzt. In *All the Pretty Horses* lässt Cormac McCarthy einen mexikanischen Kriegsveteran sagen, dass die Seele des Pferdes der Seele des Menschen ähnlicher sei, als man denke, und dass Pferde Krieg lieben müssten, weil keine Kreatur etwas lernen könne, was nicht in ihrem Herzen angelegt sei. Der Veteran ist der Meinung, dass nur Menschen, die mit Pferden in den Krieg gezogen sind, diese wirklich verstehen können. Immerhin fügt er hinzu, er wünschte, es wäre anders. Von Natur aus vermeiden Pferde jedenfalls Konflikte – mit ihren Artgenossen und mit dem Menschen – eher, als dass sie Streit suchen. Das ist einer der Wesenszüge, der das Zusammensein mit ihnen so angenehm und entspannend macht. Und wie Goethe in den *Wahlverwandtschaften* schreibt, gibt es gegen die großen Vorzüge eines anderen kein Rettungsmittel als die Liebe.

And extreme fear can neither fight nor fly.
WILLIAM SHAKESPEARE, »THE RAPE OF LUCRECE«

Weil Pferde neugierig sind

Wie Goethe darauf kommt, dass Fische neugierig sind (siehe Zitat), oder ob das stimmt, weiß ich nicht. Pferde jedenfalls sind ausgesprochen neugierige Tiere. Das kann manchmal ziemlich lästig sein, zum Beispiel, wenn man sie fotografieren oder filmen will, während sie frei herumlaufen. Egal, wo oder wie der Fotograf sich hinstellt, innerhalb weniger Sekunden stehen die Pferde bei ihm, beschnuppern seinen Fotoapparat und halten dabei ihre Nase viel zu dicht an die Kamera, als dass noch irgendjemand, selbst ein Profi, ein gutes Foto von ihnen machen könnte.

Die große Neugierde von Pferden hat außerdem den Nachteil, dass man alle Räume in einem Stall gut absperren muss und nichts, absolut gar nichts, in ihrer Reichweite herumliegen lassen darf.

Viele Reiter beschweren sich, dass Pferde jedem Spaziergänger den Kopf hinstrecken und alles in den Mund nehmen, was man ihnen hinhält oder was sie am Boden finden. Diese Neugierde kostet sie manchmal sogar das Leben, etwa wenn sie nicht vor nächtlichen Eindringlingen in Koppel oder Stall weglaufen, sondern auf sie zugehen und so Dieben oder Pferdeschändern ihre Sache sehr leicht machen. Doch ohne Neugierde würden Pferde nur halb so viel lernen. Albert Einstein hat von sich behauptet, er hätte keine besondere Begabung, er wäre nur neugierig, und bei Pferden ist das genauso. Ihre Neugierde siegt über alles. Selbst wenn sie sich vor etwas zu Tode erschreckt haben, zum Beispiel vor einem Holzstoß oder einem Regenschirm, dauert es meistens nur Sekunden, maximal Minuten, bis sie das, was sie gerade noch erschreckt hat, genau unter die Lupe nehmen möchten.

Er ist neugierig wie ein Fisch.
GOETHE, »FAUST II«

Weil Pferde nicht lügen können

Das ist der Grund, den Pferdeliebehaber am häufigsten angeben, wenn man sie fragt, warum sie diese Tiere so gern mögen: weil Pferde ehrlich sind, weil der Umgang mit ihnen irgendwie echter und unverfälschter zu sein scheint als der mit Menschen. Und das stimmt. Ein Pferd kann nie etwas anderes sagen, als es meint, und auch nichts anderes tun, als es sagt. Pferde verstellen sich nicht und hintergehen niemanden. Sie erzählen nichts weiter, sie wollen niemandem schaden oder wehtun.

Nicht mit Absicht galoppieren sie auf dem falschen Fuß an, um ihre Reiter zu ärgern. Sie reagieren spontan und instinktiv auf ihre Umwelt, ohne nachzudenken. Umgekehrt gilt das genauso: Als Mensch hat man bei einem Pferd keine Chance, wenn man versucht, sich zu verstellen. Sie spüren, ob jemand Angst hat oder wütend ist, auch wenn man versucht, es sich nicht anmerken zu lassen.

Manche Menschen empfinden diese zwingende Ehrlichkeit im Umgang mit Pferden als Erleichterung, für andere bedeutet sie eine Herausforderung. Natürlich ist es anstrengend: Pferde geben sich ja auch keine Mühe zu verbergen, wenn sie jemanden nicht mögen. Sie sind nicht höflich und kennen keine Umgangsformen, sondern sie sind rücksichts- und schonungslos. Eine Erfahrung, die man von Mensch zu Mensch nur selten macht.

Sicher könnte man sagen, dass Hunde und Katzen oder eigentlich alle Tiere genauso ehrlich sind, und das stimmt ja auch zum Teil. Inwiefern ein Pferd dennoch ehrlicher ist als ein Hund oder eine Katze, ist schwer zu beschreiben. Manche Pferdebesitzer glauben, dass ihre Tiere, wenn sie erschreckt zur Seite springen, oft nur so tun, als hätten sie sich erschrocken, weil sie irgendwann die Erfahrung gemacht haben, dass ihre Reiter sie dann in der Regel loben, um sie zu beruhigen. Bei einem Hund kann man sich ein solches Verhalten vorstellen. Aber bei einem Pferd ist es doch eher so, dass sein Erschrecken und der Sprung zur Seite echt sind. Es täuscht nichts vor, sondern es springt ganz einfach deshalb zur Seite, weil es annimmt, dass sein Mensch genau das von ihm will. Das Pferd kann nicht durchschauen, dass der Mensch sein Lob beruhigend meint, und deswegen auch nicht vorgeben, es hätte sich erschrocken, damit es mit einem Lob beruhigt wird.

Vielleicht unterscheiden sich Pferde von Hunden vor allem dadurch, dass sie sich nicht so sehr bemühen, ihrem Menschen zu gefallen. Sie haben schließlich auch keinen Grund dazu, denn sie wollen selten etwas von ihm. Sie betteln zwar auch um Futter, aber auf andere Art und Weise. Ein Pferd stupst seinen Menschen vielleicht mit der Nase in die Seite, wenn es ein Leckerli will, und sucht auf eigene Faust in seiner Tasche danach oder scharrt mit den Hufen. Ein Hund dagegen wird eher darauf verfallen, dem Menschen ein Kunststück vorzuführen, für das er immer gelobt wurde, zum Beispiel Pfote geben oder Männchen machen, wenn er eine Belohnung haben will. Dagegen habe ich noch nie von einem Pferd gehört, dass am Putzplatz, auf der Weide oder im Stall plötzlich angefangen hätte zu piaffieren, um ein Leckerli zu bekommen. Pferde gehören wie Katzen zu den Tieren, die keine Besitzer haben, sondern Personal.

Manchmal ist eine Lüge das Beste.
TRACY CHAPMAN

Weil Maultiere und Maulesel auch ganz süß sind

Wer ein Pferd ohne Fehler möchte, muss zu Fuß gehen – oder auf Maultiere umsteigen. Das Maultier ist eine Kreuzung zwischen einer Pferdestute und einem Eselhengst. Sie sind leichter zu züchten als Maulesel, die bei einer Kreuzung zwischen einem weiblichen Esel und einem männlichen Pferd entstehen.

Ihr Name hat nichts mit ihrem Maul zu tun, sondern er verweist darauf, dass sie Mischlinge sind. Sprachlich verwandt ist er mit der Bezeichnung Mulatte, weshalb man sie auch Mulis nennt.

Während Maulesel sich kaum von Eseln unterscheiden, bieten Maultiere viele Vorzüge gegenüber ihren Eltern. Sie halten mehr aus, sie sind ausdauernder, können schwerere Lasten tragen und werden älter – bis zu 50 Jahre sind normal. Von ihren Eselvätern haben sie härtere Hufe als Pferde mitbekommen, und dadurch haben sie mit hartem, steinigem Untergrund keine Probleme. Esel sind nämlich, anders als Pferde, keine Steppentiere, sondern sie kommen aus trockenen Landstrichen mit felsigem oder sandigem Boden.

Deswegen sind Esel und Maultiere auch weniger schreckhaft als Pferde: Bei Gefahr bleiben sie einfach stehen und schauen unauffällig, anstatt wegzulaufen, denn in steinigen und sandigen Gebirgslandschaften würde eine kopflose Flucht eher dazu führen, dass sie stürzen und sich verletzen. Ihre Hufe sind nicht zum schnellen Rennen gemacht. Die vermeintliche Sturheit von Eseln, die einfach stehen bleiben und sich nicht mehr vom Fleck wegbewegen, ist also keinesfalls Böswilligkeit oder Arbeitsverweigerung, sondern ihr liegt ein angeborener Überlebensmechanismus zugrunde. Will man einen Esel in einer solchen Situation zum Weitergehen bewegen, muss man ihm vor allem die Angst nehmen. Für den Reiter ist es natürlich viel praktischer und weniger gefährlich, wenn das Tier unter ihm stehen bleibt, als dass es vor Schreck blind losstürzt. Dass Maultiere bei Gefahr ungern weglaufen, kann sogar dazu führen, dass sie sich gegen Raubtiere lieber kämpfend zur Wehr setzen, anstatt zu fliehen. Es gibt Berichte, wonach Maultiere ihre Reiter gegen angreifende Pumas oder Wölfe verteidigt haben sollen, indem sie mit den Hufen auskeilten. Aus Sicht der Maultiere haben sie wahrscheinlich nur sich selbst verteidigt, während ihre Reiter eben einfach auf ihrem Rücken saßen.

Ein weiterer Vorteil, der Maultiere gegenüber Pferden auszeichnet, ist ihre dickere Haut, die sie weniger anfällig für Parasiten und Stechinsekten macht.

Und weil sie so gut mit harten Umweltbedingungen fertig werden, setzt der Mensch Maultiere mit Vorliebe im Krieg ein, im Gebirge, in der Wüste und in den kalten Steppen Russlands. Sie sind so ziemlich die einzigen Tiere, die das Militär auch heute noch gerne nutzt, um seine Ausrüstung in unwegsame und schwer zugängliche Gegenden zu transportieren. Als Arbeitstiere sind Maultiere wahrscheinlich unübertroffen.

Vielleicht sind sie deshalb nicht so beliebt wie Pferde, weil sie sich wegen ihres stoischen Temperaments nicht so gut für den Turniersport eignen? Vielleicht hat es aber einfach nur noch niemand ausprobiert? Der berühmte Westernreiter Jean-Claude Dysli, der Quarter Horses und das Westernreiten als Erster aus den USA nach Europa brachte, hat jedenfalls schon einmal ein Maultier westernmäßig ausgebildet. Oder liegt es daran, dass sie wegen ihrer langen Ohren weniger elegant aussehen als Pferde?

Ihr einziger offensichtlicher Nachteil ist, dass Maultiere unfruchtbar sind, das heißt, dass sie sich untereinander nicht weiter vermehren können. Darwin, der Begründer der Evolutionslehre, soll über sie gesagt haben: *Das Maultier scheint mir ein sehr erstaunliches Tier zu sein; es macht den Anschein, dass hier die Kunst die Natur übertroffen hat.* Lieben wir Pferde also, weil der Mensch ohne sie keine Maultiere züchten könnte.

Wer ein Maultier ohne Fehler möchte, gehe zu Fuß.
SPRICHWORT

Weil wir Pferden ihren natürlichen Lebensraum weggenommen haben

In manchen Zoos gibt es einen Käfig mit der Ankündigung: Das gefährlichste Tier der Welt. Blickt man neugierig hinein, bekommt man jedoch keine Giftschlange oder Spinne zu Gesicht, sondern nur sich selbst. An der Käfigrückwand ist ein Spiegel befestigt.

Positiv formuliert könnte man sagen, dass der Mensch das evolutionär erfolgreichste Lebewesen des Planeten ist. Überall auf der Erde hat er sich so zahlreich ausgebreitet, dass für andere Tiere und Pflanzen fast kein Platz mehr ist. Wäre die Menschheit ein Verein, aus dem man austreten könnte, würden das sicher viele gern tun.

Fundamentale Umweltschützer zum Beispiel, die so genannten *Deep Ecologists*, plädieren dafür, dass der Mensch sich nicht länger als Krönung der Schöpfung sehen, sondern sich zugunsten anderer Lebensformen zurücknehmen sollte, dass alle Lebewesen, ja sogar die unbelebten Elemente der Natur wie Steine, gleichermaßen schützenswert seien. In der Theorie der *Deep Ecology* sind daher auch Kriege, Seuchen und Krankheiten – eigentlich alles, was dazu beiträgt, die Zahl der Menschen auf unserem Planeten zu reduzieren – nicht beklagens-, sondern begrüßenswerte Ereignisse.

In der Tat ist die Liste der Tierarten, die durch den Menschen ausgestorben sind, lang – und trotz der *Deep Ecologists* wird sie immer länger. Hätten Pferde dem Menschen nicht erst genützt und dann gefallen, wäre es ihnen sicher genauso an den Kragen gegangen wie anderen Vierbeinern, zum Beispiel dem Auerochsen, dem Tarpan oder dem Quagga, die heute nur noch als Rückzüchtungen in Zoos und Naturparks ihr Dasein fristen. Menschen, die eine direkte Gegenposition zu den *Deep*

Ecologists beziehen, wie zum Beispiel manche Interpreten von Nietzsche oder Darwin, finden daran nichts auszusetzen. Für sie gilt das Recht des Stärkeren, und die schwächeren oder weniger erfolgreichen Arten haben schlicht Pech gehabt. Ganz nach dem Motto: Wenn zwei auf einem Pferd reiten, muss eben einer hinten sitzen. Schwache Lebewesen zu schützen würde aus ihrer Sicht lediglich dazu führen, dass die natürliche Auslese nicht mehr greift, mit der Folge, dass es bei der Weiterentwicklung der Arten keinen Fortschritt mehr gäbe.

Wahrscheinlich liegt die Wahrheit, wie meistens, in der Mitte, nämlich bei den gemäßigten Umweltschützern. Sie räumen den Menschen zwar noch die oberste Priorität beim Überleben ein, sind aber durchaus dazu bereit, Verantwortung für die Lebewesen zu übernehmen, auf deren Kosten sich die menschliche Rasse ausgebreitet hat. Pferde könnten in der heutigen Welt nicht überleben, wenn wir sie einfach freiließen – die meisten von ihnen würden wahrscheinlich innerhalb kürzester Zeit überfahren werden, sich in Zäunen verfangen oder auf der Straße zu Tode kommen, sich an Pflanzen vergiften, die sie nicht vertragen, oder auch verhungern. Deswegen sind Menschen dafür verantwortlich, Pferden den Lebensraum zu ersetzen, den sie ihnen einst weggenommen haben – und zwar mit Liebe und auf eine Art und Weise, die Pferden eine lebenswerte Existenz beschert.

Der Gerechte erbarmt sich seines Viehs.
Sprichwort

Weil Pferde uns nicht brauchen, wir sie aber schon

Ein Pferd ohne Reiter ist immer noch ein Pferd, aber ein Reiter ohne Pferd ist kein Reiter mehr, sondern ein Fußgänger. Wären Reiter ehrlicher zu sich selbst und würden sie ihre Pferde nicht so sehr vermenschlichen, müssten sie sich eingestehen, dass ihre Tiere wahrscheinlich gut und gerne darauf verzichten könnten, geritten zu werden. Pferde brauchen keine Rennen, keine Springturniere, keine Dressuraufgaben – sonst könnten sie ja schließlich diesen vom Menschen ersonnenen Beschäftigungen auch auf der Weide frönen. Würden Pferde tatsächlich so gerne springen, wie ihre Besitzer es oft von ihnen behaupten, wäre kein Weidezaun vor ihnen sicher.

Leute wie Horst Stern haben schon vor Jahrzehnten Experimente durchgeführt, in denen sie versucht haben, Pferde mit Futter auf die andere Seite eines Zauns zu locken. Obwohl alle Tiere großes Interesse an dem angebotenen Futter zeigten, ist anscheinend kein einziges von ihnen freiwillig über diesen Zaun oder ein anderes Hindernis gesprungen, selbst wenn diese viel niedriger waren, als in Springprüfungen üblich. Trotzdem behaupten auch heute noch massenhaft Reiter, ihre Pferde würden gerne springen, wollten Turniere gewinnen und wären ganz kribbelig, sobald sie ein Hindernis sehen.

Auch von Reitern anderer Sparten hört man regelmäßig Aussagen über den Kampfwillen, den ihre Pferde in Wettbewerben an den Tag legen. Es ist eine menschliche Angewohnheit, von sich auf andere zu schließen – nicht nur auf andere Menschen, sondern auch auf Tiere. Egal, ob Hund, Katze oder Pferd, die meisten ihrer Besitzer vermenschlichen sie, und das nicht nur, wenn sie als Partner- oder Kindersatz herhalten müssen. Wenn Tiere die menschliche Sprache beherrschten oder ihre Besitzer verstünden, was sie ihnen tatsächlich sagen wollen, würden viele Menschen wahrscheinlich eine unliebsame Überraschung erleben.

Doch da Pferde sich in der Regel nicht dagegen zur Wehr setzen, was ihre Besitzer von ihnen verlangen oder mit ihnen tun, und das auch gar nicht können, steht dem nichts im Wege, dass sie weiterhin ungehindert auf menschliche Art geliebt werden. Auch wenn der Mensch das Pferd heute nicht mehr benötigt, um körperlich überleben zu können, brauchen es viele von uns für seelisches und geistiges Wohlbefinden.

Now the clasp of this union, who fastens it tight
who snaps it asunder the very next night?
Some say the rider, some say the mare
some say love's like the smoke, beyond all repair
Leonard Cohen, »Ballad of the Absent Mare«

KAPITEL 4

Das Pferd zur Befriedigung der Leidenschaft

*What he loved in horses was what he loved in men,
the blood and the heat of the blood that ran them.
All his reverence and all his fondness and all the leanings
of his life were for the ardenthearted and they
would always be so and never be otherwise.*
CORMAC MCCARTHY, »ALL THE PRETTY HORSES«

Weil Pferde schön sind

Jeder findet Pferde schön – auch Nichtreiter. Eine solche Nichtreiterin meinte als Kommentar zu diesem Buch, dass es einfach toll ist, auf einem Spaziergang – besonders abends – Pferden zu begegnen, und dass sie eine wunderschöne Kulisse abgeben. Klar, zu einem Sonnenuntergang gehören Pferde einfach dazu. Niemand würde einen Western sehen wollen, bei dem der Held am Ende zu Fuß in die untergehende Sonne läuft.

Pferde machen jede Landschaft schöner. Spaziergänger bleiben gern an einer Koppel stehen, Kinder drehen sich beim Autofahren nach jedem Pferd um – manche sogar nach leeren Weiden, weil sie die Pferde in der Nähe vermuten. Sie gehören einfach in unser Landschaftsbild, genauso wie in manchen Gegenden Kühe. Als es in der Landwirtschaft üblich wurde, Kühe aus Kostengründen nicht mehr auf die Weiden zu bringen, sondern im Stall zu lassen, befürchteten einige, die vom Tourismus leben, dass bald niemand mehr ins Allgäu reisen würde.

Mit Pferden verhält es sich genauso, nur sind sie für fast alle Gegenden charakteristisch, nicht nur für das Allgäu. Würde es den Pferden vielleicht zu mehr Weidegang verhelfen und damit zu einer artgerechteren Haltung, wenn Tierschützer sich auf die Bedürfnisse von Touristen und Spaziergängern beriefen, anstatt mit den natürlichen Bedürfnissen des Pferdes zu argumentieren? Sicher nur dann, wenn auch entsprechende Fördergelder fließen würden.

Doch zurück zur Schönheit der Tiere. Miss- oder Mister-Wahlen für Pferde gibt es nicht, aber Leistungsprüfungen oder Auktionen sind eigentlich nichts anderes als verkappte Schönheitswettbewerbe. Um die Tiere herauszuputzen, war es früher sogar üblich, Pferden die Tasthaare an Nüstern und Ohren abzurasieren. Das ist heute verboten. Viele Besitzer scheinen aber immer noch nicht darauf zu vertrauen, dass Pferde von Natur aus schön sind. Glitzer- und Glanzsprays sind doch überflüssig und passen nicht wirklich zu einem natürlichen, erdverbundenen Wesen wie dem Pferd.

Es ist seltsam, dass bei Menschen Attribute wie Pferdegesicht oder Pferdegebiss sprichwörtlich für Hässlichkeit oder sogar negative Charaktereigenschaften wie Boshaftigkeit oder Verrat stehen, obwohl Pferde doch als unschlagbar schön gelten. Xanthippe zum Beispiel, die Frau von Sokrates, die laut Xenophon ständig an ihm herumgenörgelt und mit ihm gestritten haben soll, heißt übersetzt Pferdegesicht. Menschen können jedoch durch und mit Pferden gewinnen, wenn sie sich in deren Gegenwart begeben. Denn Pferde bringen so viel Schönheit mit, dass sie auch auf den Reiter ausstrahlt. Auf und mit einem Pferd sieht man einfach besser aus. Pferde sind attraktiv und machen alles, was man mit ihnen in Verbindung bringt, ebenfalls attraktiver. Niemand weiß das besser als die Werbeindustrie: Autos, Zigaretten, Alkohol, Parfüm, Mode, Kaffee, Versicherungen – für vieles werden Pferde in Werbekampagnen als Sympathieträger eingesetzt. Sie versprechen nicht nur Schönheit, sondern verkörpern zusätzlich Kraft, Schnelligkeit und vor allem Stolz und Freiheit.

Nichts bahnt sich einen direkteren Weg in die Seele als das Schöne.
Joseph Addison, englischer Essayist

Weil Pferde Freiheit verkörpern

Viele fühlen sich zu Pferden hingezogen, weil diese für ein Leben in Freiheit stehen. Genau betrachtet ist das recht seltsam, denn es gibt heute keine wirklich frei lebenden Pferde mehr. Und früher lebten alle anderen Tierarten genauso frei. Warum also gerade Pferde und nicht zum Beispiel Tiger oder Spinnen?

Wahrscheinlich hängt es damit zusammen, dass Pferde Fluchttiere sind. Passt ihnen etwas nicht, sind sie weg, und zwar ziemlich schnell. Jeder von uns wünscht sich, dasselbe tun zu können. Pferde sind überhaupt immer in Bewegung, sogar beim Fressen. Sie sind fürs Laufen geschaffen. Tiger dagegen liegen die meiste Zeit herum, um für die nächste Jagd Energie zu sparen. Und Spinnen warten in ihrem Netz, bis Beute vorbeikommt. Außerdem sind Pferde Pflanzenfresser und deshalb viel weniger ortsgebunden als Tiger oder Spinnen. Gras wächst schließlich fast überall.

Dass Pferde für Freiheit stehen, könnte auch daran liegen, dass sie in Freiheit so glücklich erscheinen, so, als wäre es die ihnen einzig angemessene Daseinsform. Ein Pferd sieht nie so gut aus, wie wenn es ohne Reiter, ohne Halfter, Sattel oder Zaumzeug über eine große freie Fläche läuft, im Idealfall ohne Zäune, ohne jede Begrenzung.

Leider sieht das Leben des heutigen Durchschnittspferdes anders aus. Ein Leben in Freiheit genießen die meisten allenfalls für ein paar Stunden am Tag. Den Rest verbringen sie unter dem Reiter oder in Gitterkäfigen, die noch dazu recht eng sind. Obendrein spielt sich ihre zeitlich knapp bemessene Freiheit dann auch noch oft auf winzigen, zehn mal fünf Meter großen Koppeln ab. Das passt nicht zu ihnen.

Schon Aristoteles benutzte Pferde als Symbol für das Ungebärdige, Ungestüme, Triebhafte im Menschen, das durch die Vernunft – wie durch einen Wagenlenker – im Zaum gehalten werden muss. Ließe er seinen inneren Pferden einfach freien Lauf, fürchtete Aristoteles, würde der Mensch die Kontrolle über sich verlieren, andere umfahren, und die Welt würde innerhalb kürzester Zeit im Chaos versinken.

Für Sigmund Freud bedeuteten Träume, in denen man reitet, also ein Pferd unter Kontrolle hat oder im Einklang mit ihm ist, dass man sein (Trieb-)Leben im Griff hat. Kommt daher das menschliche Bedürfnis, Pferde zu zähmen, zu bändigen und einzusperren? Aus Angst vor dem Ungeordneten, dem Dunklen, dem Chaos, das in uns schlummert?

Ohne Zaun leben heute nur noch wenige Pferde, die so genannten Wildpferde, die eigentlich gar keine sind, sondern lediglich entlaufene Haustiere, die in Freiheit überlebten und sich vermehrten. Die echten Wildpferde dagegen leben gar nicht in Freiheit: Tarpane sind inzwischen ausgestorben, Przewalskipferde findet man meistens nur noch im Zoo, und auch die berühmten Dülmener Wildpferde haben alle einen Besitzer. Die berühmtesten Wildpferde der Sorte »entlaufenes Hauspferd« sind die australischen Brumbies, die Sable-Island-Ponys vor der kanadischen Küste, die Namibischen Wildpferde in Afrika, die erst in den 1980ern entdeckt wurden und wahrscheinlich von Trakehnern abstammen, die ein Baron in die ehemalige deutsche Kolonie Deutschsüdwestafrika gebracht hatte.

Und natürlich die amerikanischen Mustangs, die den ersten Siedlern entliefen. Sie vermehrten sich so zahlreich, dass man sie als Plage einstufte und auszurotten versuchte. Kurz bevor es zu spät war, stellte der amerikanische Kongress sie 1971 unter Schutz, mit der Begründung, dass sie ein lebendiges Symbol der amerikanischen Geschichte und des Pioniergeists des Westens seien.

Seitdem versucht man, das Wachstum ihrer Population dadurch zu begrenzen, dass jedes Jahr einige Tausend aus den Herden ausgesondert und verkauft werden. Meistens landen sie beim Schlachter – entweder auf direktem Weg oder weil ihre neuen Besitzer mit ihnen überfordert sind. Der amerikanische

Staat hat auch versucht, die Fruchtbarkeit von Stuten durch Hormonspritzen einzuschränken.

Es ist also fraglich, ob es wild lebenden Pferden wirklich besser geht als den Haustieren. Leben sie tatsächlich, ohne dass jemals Menschen eingreifen, sind sie der rauen Natur ausgesetzt. Auch ohne Raubtiere droht ihnen durch die natürliche Auslese ein grausamer Tod: Sie erfrieren, verdursten, verhungern, sterben an Verletzungen oder Krankheiten. Vielleicht wäre das aber immer noch besser, als in ständiger Gefangenschaft zu leben. Für den Menschen sind Pferde vielleicht auch deswegen ein Symbol für Freiheit, weil sie ihm diese Freiheit brachten. Durch das Pferd als Transportmittel war er mit einem Mal viel mobiler, kam schneller von A nach B und konnte sich jederzeit aus dem Staub machen, wenn es nötig war.

Never captured, never tamed
Wild horses on the plains
You can call me lost
I call it freedom
LYNYRD SKYNYRD, »STILL UNBROKEN«

Weil es leichtfällt, Pferde zu lieben

Ich habe einmal ein Pferd in Mexiko verloren, an dem ich schrecklich hing. Ich hatte es, seit ich neun war«, erzählt Billy seinem Cowboy-Kollegen Troy in Cormac McCarthys Roman *Cities of the Plain*. Der Kollege erklärt ihm, dass das leicht passieren könne. Als der verwunderte Billy nachfragt, was denn leicht passieren könne – dass man ein Pferd verliert?, antwortet Troy: »Nein, dass man an einem Pferd hängt.«

Sicher kann es auch leicht passieren, dass man ein Pferd durch plötzlichen Tod, Alter oder Krankheit verliert. Doch Troy hat es mit seiner Antwort auf den Punkt gebracht, warum so viele Menschen Pferde lieben: weil es leichtfällt. Man muss sich nicht anstrengen, um ein Pferd zu lieben. Man muss auch kein besonderes Training absolvieren oder mit Pferden aufgewachsen oder absonderlich gepolt sein oder irgendwelche einschneidenden Erfahrungen gemacht haben, bevor man Pferde liebt. Man sieht sie einfach und liebt sie. Warum? Weil die Liebe zu Pferden uns Menschen im Blut liegt. Sie ist uns angeboren.

Von Natur aus, sozusagen instinktiv, lieben Menschen das Lebendige. Erich Fromm hat dafür den Begriff Biophilie geprägt. Doch offensichtlich sind nicht alle Lebensformen dabei gleichermaßen attraktiv. Die Mehrheit der Menschen findet Pferde schöner als andere Tiere, wie zum Beispiel Spinnen oder Kröten.

Manchen ist der Drang, mit Pferden zusammen zu sein, von Geburt an eingepflanzt, ohne dass sie sich dessen bewusst sind. So zum Beispiel John Grady Cole, dem Protagonisten des Bestsellers *All the Pretty Horses*, über den sein Autor schreibt, dass er, wäre er aus Bosheit oder Pech in einem seltsamen Land zur Welt gekommen, in dem es keine Pferde gibt, gespürt hätte, dass der Welt etwas fehlt, damit sie richtig ist oder er in ihr nicht fehl am Platz. In so einem Fall wäre John Grady losgezogen und genau dorthin gewandert, wohin er eben wandern müsste, und so weit, wie es eben dauerte, bis er auf ein Pferd trifft. Und dann hätte er sofort gewusst, dass das Pferd das war, was er gesucht hatte – obwohl er ja, in eine pferdelose Welt geboren, gar nicht hätte wissen können, was Pferde sind oder wie sie aussehen. Es war ihm eben angeboren.

Und was für John Grady gilt, gilt in gewissem Maße für alle Menschen. Das hat schon der Dichter Rainer Maria Rilke in einem seiner *Sonette an Orpheus* klargestellt:

Sieh den Himmel. Heißt kein Sternbild »Reiter«?
Denn dies ist uns seltsam eingeprägt:
dieser Stolz aus Erde. Und ein Zweiter,
der ihn treibt und hält und den er trägt.

Menschen lieben also anscheinend nicht nur Pferde an sich, sondern sie finden speziell das Erscheinungsbild eines Pferdes mit seinem Reiter attraktiv – auch wenn Pferde von Natur aus gar nicht zum Reiten gedacht sind. Pferde wissen das, man muss sie erst jagen und bändigen, bevor sie einen Menschen auf ihrem Rücken dulden. Rilke wusste es auch. Im weiteren Gedicht lässt er keinen Zweifel daran, dass die scheinbare Harmonie zwischen Mensch und Pferd nur ein Trugbild ist:

Ist nicht so, gejagt und dann gebändigt,
diese sehnige Natur des Seins?
Weg und Wendung. Doch ein Druck verständigt.
Neue Weite. Und die zwei sind eins.
Aber sind sie's? Oder meinen beide
nicht den Weg, den sie zusammen tun?
Namenlos schon trennt sie Tisch und Weide.
Auch die sternische Verbindung trügt.
Doch uns freue eine Weile nun,
der Figur zu glauben. Das genügt.

Die meisten Reiter wissen auch um das Trügerische der scheinbar harmonischen Verbindung zwischen ihnen und dem Pferd – doch sie reiten trotzdem täglich weiter. Viele vermenschlichen ihre Pferde, obwohl sie es eigentlich besser wissen sollten. Wie Rilke schreibt, ist es ja auch sehr schön und durchaus in Ordnung, in einer Traumwelt zu leben – solange es nicht von Dauer ist und man sich dessen bewusst bleibt.

Reiten an sich ist nicht schwer. ...
Wenn Sie wissen, dass Ihr Pferd ein bestimmtes Problem hat,
dann stellen Sie sich einfach vor, dass da keines ist.
DOMINIQUE BARBIER,
»WEGE ZUR LEICHTIGKEIT IN DER KLASSISCHEN DRESSUR«

Weil man viel von Pferden lernen kann

Normalerweise ist in Büchern immer nur die Rede davon, was Menschen Pferden beibringen. Sie erziehen sie, gewöhnen sie daran, still zu stehen und die Hufe zu geben, reiten sie schließlich ein und lehren sie, wie sie fehlerfrei über Hindernisse springen können, schwierige Dressurlektionen meistern oder Kunststücke zum Besten geben. Es gibt Tausende von Büchern, in denen man erfährt, wie man als Reiter seinem Pferd dieses oder jenes beibringen kann.

Manchmal erwähnen die Meister der Reitkunst am Rande, dass sie von den Pferden, mit denen sie gearbeitet haben, auch etwas dazugelernt hätten. Fast ausschließlich sehen sie das von Pferden Gelernte jedoch unter dem Gesichtspunkt, dass es ihnen geholfen hat, anschließend andere Tiere besser, schneller und mit weniger Aufwand auszubilden. Nur selten findet man ein Buch aus einer anderen Perspektive, in dem ein Autor darüber berichtet, dass er von seinen Pferden etwas für das Leben ganz allgemein gelernt hat, ohne dass er das Gelernte zwangsweise auf die Pferdeausbildung anwendet.

Eines der besten Bücher dieser Sorte ist Mark Rashids biographische Erzählung *Life Lessons From a Ranch Horse* (zu Deutsch: *Der von den Pferden lernt*). Darin beschreibt er, wie ihn das Verhalten von Buck, einem unscheinbaren Tier, das Rashid zum Einreiten bekam, nach und nach dazu brachte, umzudenken und die Dinge anders zu sehen. Er begriff, dass er von Buck wesentlich mehr lernen konnte, als er ihm je beibringen würde.

Bucks Verhalten in schwierigen und kritischen Situationen beeindruckte Rashid so sehr, dass er beschloss, die Prinzipien, nach denen Buck handelte, auf sein eigenes Leben und seinen Umgang mit anderen Menschen zu übertragen. Dabei war Buck ein ganz gewöhnliches Pferd, keines mit außergewöhnlichen, übermenschlichen Kräften wie etwa Fury oder Black Beauty. Im Gegenteil, die philosophischen Regeln für ein stressfreies Leben, die Rashid von Buck übernahm, entsprechen ganz einfach den instinktiven Verhaltensweisen aller (oder jedenfalls der meisten) Pferde.

Es sind insgesamt sechs. Die erste lautet: Konfrontationen vermeiden. Sich nur im äußersten Notfall zu streiten ist für ein Fluchttier wie das Pferd lebensnotwendig, denn es darf nicht unnötig Energie verschwenden, da es seine Kraft zum Fressen, Fliehen und Fortpflanzen braucht. Die zweite – vorausschauend denken und handeln – ist dem Pferd ebenfalls angeboren: Wenn eine Herde, die durch die Steppe zieht, nicht vorausdenkt und plant, in welche Richtung sie sich beim Grasen am besten bewegt, damit sie zu gegebener Zeit wieder auf Wasser stößt, ist sie verloren. Als dritte Lektion hat Rashid von Buck gelernt, sich in Geduld zu üben und zum Beispiel andere immer ausreden zu lassen oder ihnen Zeit für eine Reaktion einzuräumen, wenn man etwas von ihnen will – was Pferde untereinander ganz instinktiv tun. Regel vier und fünf fordern Beharrlichkeit und Beständigkeit. Damit meint Rashid, sich nicht von einem Ziel abbringen zu lassen und konsequent zu sein – Pferde können gar nicht anders. Sie warten Stunden vor der Futterkammer oder dem Weidetor, und das jedes Mal. Die letzte Schlussfolgerung, die Rashid aus Bucks Verhalten zog, ist vielleicht die wichtigste: Wenn doch etwas schiefgeht, sollte man sich nicht darüber aufregen oder wütend werden, sondern es stattdessen in Ordnung bringen, so gut es eben geht, und hinterher weitermachen. Rashid hat wieder recht: Noch nie hat jemand ein Pferd über verschüttete Milch weinen sehen.

Regen Sie sich also nicht auf, wenn Ihr Pferd wieder einmal nicht das tut, was Sie ihm beizubringen versuchen. Es macht nichts, wenn es nichts von Ihnen lernt. Viel wichtiger ist doch, dass Sie etwas lernen. Und das können Sie immer. Auch von einem völlig unreitbaren, fetten, kranken, hässlichen oder lahmen Pferd, auch wenn es weder springt noch stoppt, noch piaffiert.

Pferde sind karmisch, sagt der berühmte Dressurausbilder Dominique Barbier, *und treten auf karmische Weise in das Leben eines Menschen, wenn es für ihn an der Zeit ist, etwas zu lernen.*

I love them because they teach me patience,
appreciation, understanding, and compassion.
By being with horses in this way, I learn to apply
the same philosophy my fellow humans.
LINDA TELLINGTON-JONES

Weil es ohne Pferd keine Pferdeflüsterer geben würde

Das Pferdeflüstern kam, wie so vieles, aus Amerika nach Deutschland. Unter ihnen selbst ist diese Bezeichnung eher verpönt. Sie bevorzugen den Begriff *horseman* beziehungsweise *horsemanship* und betonen, dass diese Art der Kommunikation mit Pferden jeder lernen kann, der sich genügend Zeit nimmt, Pferde zu beobachten und dadurch zu verstehen, wie sie ticken. Sie gehen auf das Pferd, seine Persönlichkeit und seine Bedürfnisse ein, anstatt es in ein starres Schema zu pressen und es durch Gewaltanwendung zu irgendetwas zwingen zu wollen. Einen seriösen Pferdeflüsterer erkennt man praktisch daran, dass er es nicht nötig hat, aus seiner Methode ein Geheimnis zu machen. Auf die Frage, was er sei, antwortete Tom Dorrance, Lehrer von Ray Hunt und Buck Brannaman und gewissermaßen der allererste Pferdeflüsterer: »Nichts. Ich ziehe es vor, gar nichts zu sein.«

Populär wurde Pferdeflüstern durch den gleichnamigen Roman von Nicholas Evans. Der Autor ist Engländer und hatte eigentlich nicht viel mit Pferden zu tun. Doch er recherchierte unter Pferdeleuten, um die Titelfigur seines Buchs möglichst echt aussehen zu lassen.

Obwohl in Deutschland die meisten das Pferdeflüstern mit dem Namen Monty Roberts verbinden, der selbst Bücher über das Thema geschrieben hat, war Evans' Hauptforschungsobjekt Buck Brannaman, der auch bei den Dreharbeiten assistierte, als die Geschichte verfilmt wurde. Angeblich soll er, als Robert Redford ihn engagierte, zu ihm gesagt haben: »Wenn Sie es richtig machen wollen, würde ich die Pferdeszenen neu schreiben und von vorn anfangen.« Später hat Monty Roberts, wie man weiß, einige Szenen des Films heftig kritisiert und als Rückfall ins reiterliche Mittelalter bezeichnet. Tom Dorrance, dem Evans das Buch widmete, soll den Roman nach einigen Seiten ins Feuer seines Kamins geworfen haben. Dorrances Frau Margaret, die zwanzig Jahre jünger als ihr Mann ist, empfindet es sogar als beleidigend, dass Evans das Buch ihrem Mann widmete. Dorrance hörte den Begriff Pferdeflüsterer zum ersten Mal, als Evans vor seiner Tür stand und ihn interviewen wollte.

Auch unter den Pferdeflüsterern herrscht also keine absolute Einigkeit darüber, wie man mit Pferden am besten umgeht. Die Essenz von Monty Roberts' Methode ist das so genannte Join Up, das nach anfänglichem Enthusiasmus in letzter Zeit wieder etwas aus der Mode gekommen und in die Kritik geraten ist. Beim Join Up hetzt der Mensch ein Pferd so lange im Galopp umher, bis es sich ihm unterwirft, ohne ihm eine Gelegenheit zum Ausruhen zu geben. Gegner der Methode behaupten, die Unterwerfung geschehe aus reiner Erschöpfung und helfe dem Besitzer hinterher mit seinen Problemen nicht wirklich weiter.

Den Kern von Buck Brannamans Methode, mit Problempferden umzugehen, könnte man so zusammenfassen, dass er ihnen das erwünschte Verhalten angenehm und das unerwünschte unangenehm macht. Brannaman lässt zum Beispiel ein Pferd, das »klebt«, also nicht von anderen Pferden oder vom Stall weggehen will, viel arbeiten, wenn es zu anderen Pferden hindrängelt. Sobald es sich von ihnen entfernt und nicht mehr drängelt, lässt er ihm seine Ruhe. Das klingt einfach, doch die Schwierigkeit besteht darin, bereits das erste Anzeichen zu erkennen, das darauf hindeutet, dass das Pferd gewillt ist zu tun, was der Mensch von ihm will. Genau im selben Augenblick muss es eine Belohnung spüren, indem der Reiter es in Ruhe lässt und den Druck wegnimmt. Verpasst man den richtigen Augenblick, fehlt die Belohnung, das Pferd ist frustriert und versteht nicht, was der Mensch von ihm will, weil sein Verhalten ihm nichts gebracht hat. Es wird dann sehr lange dauern, bis es noch einmal dieselbe Reaktion zeigt; unter Umständen nie, denn bei seinem ersten Versuch hat es ja nicht funktioniert.

Heute ist diese Methode vor allem wegen Pat Parelli bekannt. Die ursprünglichen Pferdeflüsterer, die damit anfingen, sind bereits verstorben: Tom Dorrance und sein Schüler Ray Hunt. Das sind zumindest diejenigen, die mit ihren Pferden bekannt geworden sind. Wer weiß, wie viele anonym gebliebene Reiter auf der ganzen Welt schon längst auf diese oder eine ähnliche Weise ihre Tiere ausbildeten, ohne dass jemand davon gehört hat.

Für mich war das Buch ein Liebesroman mit einem Helden, der zufällig etwas mit Pferden zu tun hatte.
BUCK BRANNAMAN, »PFERDE, MEIN LEBEN: VOM LASSOKÜNSTLER ZUM PFERDEFLÜSTERER«

Weil Pferde Menschen besser verändern können als Menschen

Ray Hunt und Tom Dorrance erzählen beide, dass sie bei ihren Kursen immer wieder die Erfahrung gemacht haben, dass Menschen Fehler bei ihrem Pferd suchen und nicht bei sich selbst. Hunt und Dorrance haben ihr Leben damit verbracht, die Pferde anderer Leute wieder hinzubiegen, waren aber am Ende beide enttäuscht davon, dass die Menschen daraus meistens nichts lernten und danach wieder nicht mit ihren Pferden zurechtkamen.

Tom Dorrance besaß nie ein eigenes Pferd. Er wuchs auf der Ranch seines Vaters in Oregon auf, und als er sie 1960 nach dem Tod seiner Eltern verkaufte, fand er, dass es ohne diese Ranch keine Aufgabe mehr für ein Pferd gab und er deswegen keines brauchte. Nach dem Verkauf der Ranch reiste er in der ganzen Welt umher, was er immer schon tun wollte. Eher zufällig und nebenher ritt er Pferde ein und ritt andere Korrektur. Kurse geben wollte er nie, weil er fand, dass er den Menschen nichts beibringen konnte. »Ich kann nicht innerhalb von drei Tagen 87 Jahre Erfahrung weitergeben«, soll er einmal gesagt haben. Er fand, die Menschen müssten es selbst spüren und aus ihren eigenen Fehlern und von ihren Pferden lernen. Dorrance behauptete, dass er nicht mit Menschen zurechtkäme. »Ich versuche seit Jahren, Pferde glauben zu machen, Menschen seien besser, als sie wirklich sind«, sagte er einmal frustriert.

Einer der Wenigen, denen er etwas über Pferde beigebracht hat und von dem er nicht enttäuscht war, ist Ray Hunt. Hunt wurde in den 1930er Jahren, zur Zeit der Großen Depression, in Idaho geboren. Sein Vater arbeitete auf Farmen mit Pferden, und Ray träumte immer davon, ein Cowboy zu sein. Als er schließlich die Gelegenheit dazu bekam, ging dieser Traum für ihn in Erfüllung, aber als er heiratete und die Familie Kinder bekam, verlegte er sich aufs Einreiten von jungen Pferden in Kalifornien. Insgesamt sollen es weit über tausend Tiere gewesen sein.

Sein Leben veränderte sich, als Hondo in sein Leben trat, ein vierjähriger Wallach, der von dem legendären Rennpferd Seabiscuit abstammte. Weil er buckelte, fragte Hunt Bill Dorrance um Rat und wurde von ihm an dessen Bruder Tom verwiesen. Mit seiner Hilfe gelang es ihm, Hondo das Buckeln abzugewöhnen. Daraufhin gewann er mit ihm einige hochrangige Turniere, bei denen Wettbewerbe mit Kühen ausgetragen wurden.

Doch seine Berühmtheit erlangte Hunt hauptsächlich dadurch, dass er Menschen, die aus der ganzen Welt zu ihm kamen, bei Problemen mit ihren Pferden half. Genau wie Dorrance betonte er dabei stets, dass nicht die Pferde ein Problem hätten, sondern die Menschen. Zwei seiner wichtigsten Erkenntnisse, wie man zu einem besseren Verständnis eines Pferdes gelangen kann, bestanden darin, unkonventionelle Wege zu gehen und sich von festgefahrenen Sichtweisen zu befreien. Er soll gesagt haben: »Du musst etwas geben, das du noch nie gegeben hast, damit du etwas bekommst, was du noch nie hattest.« Eine andere Aussage von ihm lautete: »Ich denke immer noch, dass es besser ist, einen Gang zurückzuschalten, Abstand zu nehmen und weniger zu tun, als sich zu beeilen und mehr zu machen.«

Zwei der größten Pferdemenschen denken also, dass man nur aus der eigenen Erfahrung und aus den eigenen Fehlern lernt und dass ein Mensch einem anderen nichts beibringen kann, wenn die Einsicht fehlt. Dorrance ging sogar so weit zu raten, dass die Leute besser daran täten, zu Hause zu bleiben und sich Zeit zu nehmen, ihre Pferde zu beobachten, anstatt zu seinen Kursen zu kommen. Er fand es leichter, ein Pferd zu verändern als einen Menschen – darin waren sich die beiden einig. Pferde können Menschen verändern, man muss ihnen nur richtig zuhören.

You can lead a horse to water but you can't make it drink.
COWBOY-WEISHEIT

Weil Pferde heilen können

Wie viele andere Tiere wird auch das Pferd in der Medizin eingesetzt. Nicht nur zu Tierversuchen, sondern vor allem zu therapeutischen Zwecken. Dass man auf ihm reiten kann, hat das Pferd den Hunden voraus. Menschen, die aufgrund einer körperlichen Behinderung nicht mehr laufen können oder nie laufen konnten, haben beim Reiten die einzigartige Möglichkeit nachzuempfinden, wie sich diese Bewegung anfühlt. Denn ein Pferd bewegt die Hüften seines Reiters ganz ähnlich, wie es der Mensch beim Laufen selbst tut, es überträgt die eigene Schwingung auf den Reiter. Dieser trainiert dadurch sein Gleichgewicht und seine Stützmuskulatur wie von selbst. Aber vor allem fühlt es sich für ihn so an, als ob er laufen könnte – viel freier als im Rollstuhl. Er kann sich entspannen, das Gefühl des Sich-tragen-Lassens genießen und dadurch wieder Vertrauen in die eigenen Kräfte fassen.

Die Hippotherapie ist für die Psyche eines Menschen wichtiger als für seinen Körper. Denn was Pferde einem körperlich oder geistig Behinderten vor allem bieten können, ist das Gefühl, so akzeptiert zu werden, wie er ist. Bei Begegnungen mit anderen Menschen wird er deren Vorbehalte, ihr Erschrecken oder ihr Mitleid immer spüren, egal wie sehr sie sich auch bemühen, ihre instinktiven Reaktionen zu überspielen. Ein Pferd dagegen unterscheidet nicht zwischen einem behinderten und einem nichtbehinderten Menschen. Es unterscheidet nur danach, mit welcher Einstellung man ihm gegenübertritt, ob man Wohlwollen, Angst oder Aggressivität ausstrahlt. Die Beziehung zu einem Tier, wie einem Blindenhund oder einem Therapiepferd, heilt auf diese Weise viele Verletzungen, die andere Menschen, wenn auch nur ungewollt, der Seele eines Kranken zugefügt haben.

Oft hört man auch, dass Pferde auf schwächere Menschen besonders gut aufpassen. Viele Reiter erzählen Geschichten von

Pferden, die nach einem Sturz ihres Reiters darauf achteten, ihn nicht mit ihren Hufen zu berühren, als er am Boden lag. Genauso achtsam gehen sie auch mit der Psyche von Menschen um.

Heilpädagogisches Reiten kann Behinderten, vor allem Kindern, sogar die Akzeptanz von anderen Menschen einbringen. Das Pferd steht hier immer im Mittelpunkt. Kinder sind also abgelenkt und achten nicht so sehr darauf, dass einer aus ihrer Gruppe behindert ist. Außerdem erleben sie, wie unvoreingenommen das Pferd dem behinderten Menschen begegnet und nehmen sich ein Beispiel daran, nach dem Motto: Wenn das Pferd nichts gegen ihn hat, ist er vollkommen in Ordnung, und ich muss auch nichts gegen ihn haben. Therapeutisches Reiten mit Pferden ist also auch förderlich für die sozialen Kontakte.

Doch auch abseits der offiziellen Therapie heilen Pferde viele Menschen. In den USA haben zum Beispiel Sträflinge die Möglichkeit, mit Mustangs zu arbeiten, die aus den frei lebenden Herden aussortiert wurden und verkauft werden sollen. Das geschieht nicht aus humanitärer Absicht – vermutlich hält die amerikanische Regierung die Pferde für gefährlich und nimmt bereitwillig in Kauf, dass die Sträflinge bei dem Versuch, die wilden Tiere einzureiten, ihr Leben aufs Spiel setzen. Ganz ähnlich wie vorzeiten, als Häftlinge freigelassen wurden, wenn sie sich zu lebensgefährlichen Unternehmungen bereit erklärten, beispielsweise in den Krieg zu ziehen oder in die Kolonien auszuwandern.

Therapiepferde – offizielle und inoffizielle –, die unbemerkt von der Öffentlichkeit verletzte Seelen heilen, sind größere Helden als Turniersieger. Sie werden nicht ausgezeichnet, bekommen nicht den Applaus der Menge und bringen ihren Besitzern auch nicht das große Geld ein. Aber wer je in die Augen eines Menschen gesehen hat, dem ein Therapiepferd die Lebensfreude zurückgegeben hat – wenn auch nur für ein paar Stunden –, der weiß, welche Pferde die wertvollere Leistung vollbringen.

> *There is something about the outside*
> *of a horse that is good for the inside of a person.*
> Winston Churchill

Weil Pferde Leben retten

Pferde retten in vieler Hinsicht Leben. Die Rettungssanitäter der Johanniter haben zum Beispiel vor Kurzem eine Reiterstaffel gegründet. Ähnlich wie Hubschrauber haben Pferde den Vorteil, dass sie überall hinkommen, wo Autos verloren sind – vor allem im Wald. Sie können die Ausrüstungsgegenstände, die das Unfallopfer braucht, besser und schneller als Menschen direkt zum Notfallort transportieren. Nicht zu unterschätzen ist dabei auch der psychologische Faktor: Pferde üben immer eine beruhigende, positive Wirkung aus, die schon zur Heilung des Verletzten beiträgt, bevor die Ärzte überhaupt ihre Instrumente ausgepackt haben. Vielleicht kommt eines Tages sogar noch jemand auf die Idee, Pferden Fässer mit Rum umzubinden und sie in die Berge loszuschicken.

Ein berühmtes Beispiel für ein von Pferden gerettetes Leben – wenn auch in anderer Hinsicht – ist das von Buck Brannaman. Nicht zufällig heißt das Buch, in dem er seine Lebensgeschichte erzählt, übersetzt *Pferde, mein Leben*. Der englische Originaltitel lautet zwar *The Faraway Horses*, aber damit drückt Brannaman dasselbe aus: dass Pferde, wie weit sie auch entfernt schienen, ihn immer wieder daran erinnert haben, welche Richtung sein Leben nehmen soll. Brannaman und sein Bruder wurden als Kinder von ihrem Vater ziemlich brutal behandelt. Er ließ sie in Shows auftreten, in denen sie alle möglichen Lasso-Tricks vorführen mussten. In den Vorstellungen freute er sich über ihre Erfolge, aber beim Üben zu Hause schlug er sie, wenn sie ihm nicht gut genug schienen. Das tat er auch ohne konkreten Anlass, zum Beispiel wenn er betrunken war. Nach dem Tod der Mutter trieb er es schließlich so weit, dass die amerikanischen Behörden einschritten. Sie nahmen dem Vater die beiden Söhne weg und brachten sie bei einer Pflegefamilie unter. Als Kind, schreibt

Brannaman, hätte er sich oft gefragt, wie lange er die Attacken seines Vaters noch überleben würde. Bei der Pflegefamilie ging es ihm gut, doch auch in seinem späteren Leben musste er einige Schicksalsschläge einstecken: Er verlor eine Frau, die er liebte, und sein ganzes Geld.

Was ihn am Weitermachen hielt, war seine Arbeit mit misshandelten, traumatisierten Pferden – und ihren Besitzern. Brannaman sah es als seine Lebensaufgabe, ihnen den Glauben ans Leben zurückzugeben und sie glücklich zu machen, Menschen und Pferde gleichermaßen. Dabei machte er den Pferden immer Zugeständnisse aufgrund deren Erlebnisse in ihrer Vergangenheit, sich selbst jedoch nicht.

Mit einer Portion unerschütterlichem amerikanischen Optimismus, demzufolge jeder sein Schicksal selbst in der Hand hat, schreibt er: *Kleine Kinder haben wenig Einfluss auf das, was mit ihnen geschieht. Als Erwachsene haben sie jedoch Gelegenheit, eins und eins zusammenzuzählen und Selbstsicherheit zu entwickeln. Wahrscheinlich haben viele von Ihnen einen dunklen Fleck in der Vergangenheit. Vielleicht hat man Sie misshandelt oder verlassen, aber wenn Ihnen später diese Erfahrung als Ausrede für irgendwelche Unzulänglichkeiten dient, dann haben Sie einen Fehler gemacht und ein paar Gelegenheiten versäumt.* Eine bewundernswerte Einstellung, an der Pferde einen wesentlichen Anteil hatten.

Wer andere erheitern kann,
ist von Natur aus Arzt.
DEMOKRIT

Weil Pferde (fast) alles verzeihen

Viele Reiter antworten auf die Frage, warum sie Pferde mögen, dass diese so viel verzeihen. Nathalie Penquitt zum Beispiel (geboren 1966), die Tochter des berühmten Alternativ-Westernreiters Claus Penquitt, die durch ihre Bücher und Kurse schon vielen Reitern und Pferdebesitzern geholfen hat, besser mit ihren Tieren zurechtzukommen, sagt über Pferde:

Ich bewundere ihre Art, auf den Menschen zuzugehen, ihm vieles zu verzeihen, aber nicht alles. Ihr ehrliches Verhalten, wenn sie von uns nicht verdorben wurden. Sie wecken in mir das Gefühl, für sie sorgen zu wollen. Etwas zu tun, damit es ihnen gut geht. Wenn wir alle ein bisschen Pferd wären, könnte das menschliche Miteinander um einiges harmonischer sein.

Es stimmt, dass Pferde ausgesprochen gutmütig sind. Sie lassen sich fast alles gefallen und sind niemals nachtragend. Wenn ihre Reiter Fehler machen, begrüßen die Pferde sie am nächsten Tag trotzdem wieder mit freundlich gespitzten Ohren. Sie tolerieren die ersten ungeschickten Reitversuche von Anfängern. Sie lassen sich von ehrgeizigen Reitern überfordern, bis sie zusammenbrechen. Sie lassen sich von Reitern, für die feststeht, dass die Schuld immer beim Pferd liegt, für Fehler bestrafen, die sie nie gemacht haben. Man muss es schon sehr weit getrieben haben, bis ein Pferd einem Menschen, der sich ihm nähern will, die Hinterhand zudreht, die Ohren anlegt und ausschlägt oder beißt. Und selbst wenn es einmal so weit ist, aber dann doch noch jemand auf der Bildfläche erscheint, der das Pferd ausnahmsweise gut behandelt, fasst es in erstaunlich kurzer Zeit wieder Vertrauen – meistens nicht nur zu diesem einen Menschen, sondern zu allen.

Pferde sind unverbesserliche Optimisten. Ihre Fähigkeit zu verzeihen, selbst wenn sie misshandelt und enttäuscht wurden, ist Thema vieler Bücher. Da ihnen Verletzungen immer von

Menschen zugefügt werden, die eigentlich die Aufgabe haben, für sie zu sorgen und als Bezugsperson zu fungieren, stellen sie in Geschichten eine optimale Parallele für Menschen dar, die mit Eltern oder anderen Mitmenschen schlechte Erfahrungen gemacht haben und deswegen in Zurückgezogenheit leben oder um sich schlagen. Pferde führen diesen Menschen vor Augen, dass es besser für sie ist, wenn sie nicht wegen ihrer Vergangenheit Hilfe und Zuneigung ablehnen, sondern den Versuch wagen und der Welt noch einmal eine Chance geben. Kein Pferd bleibt trotz schlechter Erfahrungen mit einzelnen Menschen ein Misanthrop – lieben wir sie, weil sie uns mit gutem Beispiel vorangehen.

Der Bote isst, während das Pferd rennt.
SPRICHWORT

Weil Pferde einen vom Rauchen und Trinken abhalten (oder auch nicht)

Als ich mich um dieses Buchprojekt bewarb, sandte mir der Schwarzkopf Verlag ein paar andere Titel aus der Reihe *111 Gründe*, unter anderem *111 Gründe, Hunde zu lieben*. Dort las ich, dass Hunde ihre Besitzer vom Rauchen und Trinken abhalten. Hundebesitzer können angeblich keinen Alkohol trinken, bevor sie nicht mit ihrem Hund die letzte Runde Gassi des Tages hinter sich gebracht haben, denn sie müssen bei vollen Kräften sein, falls ihr Hund auf dumme Gedanken kommen und ausbüxen sollte. Da ein Hund meistens kurz vorm Schlafengehen noch mal vor die Tür muss, kommen Hundebesitzer also schlichtweg nicht zum Trinken. Rauchen können sie nicht, weil sie ihre gute Kondition behalten müssen, um mit dem Hund mithalten und ihn einfangen zu können.

Ob das wohl auch auf Pferdebesitzer zutrifft? Keine Frage, alkoholisiert reitet es sich schlechter, vor allem wenn der Gleichgewichtssinn bereits gelitten hat – da ist es fraglich, ob man überhaupt aufs Pferd kommt. Pferde haben mindestens genauso viele dumme Ideen wie Hunde, und eine gute Kondition braucht man auch – zum Einfangen, um oben zu bleiben und damit man das liebe Tier überhaupt dazu animieren kann, vorwärtszugehen.

Trotzdem gibt es erstaunlich viele Pferdebesitzer, die beides tun: rauchen und trinken. Einige Reiter sagen sogar, sie lieben Pferde, weil man so gut auf ihnen sitzen und rauchen könne, oder vielmehr, weil es so gut aussähe, wenn man auf einem Pferd raucht. Natürlich könnte man das jetzt als ein spezielles Problem der Westernreiter abtun, die zu viel Marlboro-Werbung und Wildwestfilme gesehen haben. Aber es gibt mindestens genauso viele Englisch-, Barock- und Islandpferdereiter, die rauchen – wenn nicht sogar mehr. Auch ist mir kein Fall bekannt, bei dem jemand angefangen hätte zu rauchen, nur weil er die Reitweise wechselte. Oder dass jemand mit dem Rauchen anfing oder aufhörte, weil er mit dem Reiten aufhörte oder anfing.

Man kann also nicht behaupten, dass Pferde ihre Besitzer vom Rauchen abhalten. Das schaffen oft nicht einmal die Verbotsschilder in Ställen oder Reithallen. Die Brandgefahr, die von Holz, Stroh und Heu ausgeht, scheint reitende Raucher wenig zu beunruhigen.

Wie sieht es mit dem Trinken aus? Eher noch schlechter. Kaum ein Reiter trinkt zwar vor dem Reiten oder während er auf dem Pferd sitzt. Selbst Islandpferdereiter, die mit vollen Sektgläsern in der Hand tölten, um zu demonstrieren, wie erschütterungsfrei diese Gangart einen sitzen lässt, trinken das Glas aber nicht wirklich aus. Meistens verschütten sie den Sekt ja doch bis auf einen kleinen Rest, oder sie schenken von vornherein nicht so viel ein. Nach dem Reiten ist es jedoch ganz allgemein üblich, vor allem auf Turnieren (und da vor allem auf Studentenreiterturnieren) liegt Alkohol bei Reitern und Pferdebesitzern voll im Trend. Schließlich müssen sie den erfolgreichen Ausgang der Prüfungen feiern – irgendeiner gewinnt ja immer, auf den dann alle anstoßen. Berichten von Studentenreitern zufolge treiben sie es dabei oft so weit, dass die Fähigkeit, am nächsten Morgen wieder in den Sattel zu steigen oder gar einen Parcours zu bewältigen, erheblich eingeschränkt ist. Wenigstens sind sie alle gut drauf.

Es gibt jedoch auch eine dunklere Seite, was den Zusammenhang zwischen Pferden und Alkoholkonsum betrifft: Man hört immer wieder von Reitlehrern, Profireitern oder Trainern, die die Frustration, die ihr Beruf mit sich bringt, oder den Druck, den gewinn- und geldsüchtige Pferdebesitzer auf sie ausüben, nicht mehr aushalten und deswegen zur Flasche greifen. Die Dunkelziffer soll hoch sein.

Interessant an dieser Problematik ist: Die meisten Pferdebesitzer haben gleichzeitig Hunde. Warum schaffen die es nicht, ihre Herrchen vom Rauchen und Trinken abzuhalten, wenn diese auch Pferde besitzen? Vielleicht, weil die Hunde von Pferdebesitzern oft sich selbst überlassen werden? Schließlich haben sie in den ländlichen Gegenden, in denen Reitställe meistens angesiedelt sind, genügend Auslauf. Vielleicht sollte man mal eine statistische Untersuchung durchführen, welche Auswirkungen reiner Hundebesitz, reiner Pferdebesitz und kombinierter Hunde- und Pferdebesitz auf den Alkohol- und Zigarettenkonsum der Betroffenen tatsächlich hat.

Wer nicht raucht und nicht trinkt,
hat sich schon einem anderen Laster verdingt.
SPRICHWORT

Weil Pferde der beste Zeitvertreib sind

Es steht außer Frage, dass Pferde ein besserer Zeitvertreib sind als Rauchen oder Trinken. Bei meiner Umfrage unter Reitern und Reiterinnen, warum sie Pferde lieben, bin ich außerdem auf die Antworten gestoßen, weil Pferde besser seien als jede Disco und weil sie unterhaltsamer seien als Computerspiele. Mit der Einschränkung allerdings, dass man ja in den Abendstunden auch noch genug Zeit dafür hätte – fürs Computerspielen, nicht für die Disco – und dass es natürlich ganz auf die Qualität der Disco ankomme.

Pferde halten Kinder nicht nur abends vom Computer und aus Discos fern, sondern vor allem auch nachmittags von der Straße. Zumindest ist das bei Mädchen der Fall. Auch wenn ihre Eltern sich kein eigenes Pferd und keine Reitstunden leisten können oder wollen, halten sich Mädchen im Alter zwischen sechs und sechzehn Jahren am liebsten in Reitställen auf. Und selbst wenn sie Reitstunden nehmen oder ein eigenes Pferd haben, befinden sie sich auch dann noch im Stall, wenn das eigene Pferd längst versorgt und die Reitstunde vorüber ist – oder gar keine auf dem Plan stand.

Was treiben Mädchen in einem Reitstall, wenn sie dort weder arbeiten noch reiten, noch ein Pferd zu versorgen haben? Entlasten sie die Pferdepfleger, weil sie freiwillig ausmisten? Misten sie Bahn, Viereck und Koppeln ab, oder richten sie den Hufschlag? Fegen sie die Stallgasse, oder füttern sie? Jäten sie das Unkraut auf der Anlage, bessern Zäune aus, putzen Fenster und Sattelzeug oder streichen und weißeln sie Stallungen und Häuser? Helfen sie bei der Heu- oder Strohernte? Vielleicht. Aber auch wenn das alles erledigt ist, gehen sie noch lange nicht nach Hause. Stattdessen machen sie dasselbe wie alle anderen Jugendlichen in ihrer Freizeit auch: Sie hängen rum. Oder ab.

Stellt sich natürlich die Frage, woraus genau Ab- oder Herumhängen eigentlich besteht. Der Duden denkt bei abhängen in erster Linie an mürbes Schlachtfleisch und Bilderrahmen, das Wort herumhängen kennt er nur in der Bedeutung: unordentlich oder störend aufgehängt sein oder etwas hängen lassen. Das ist gar nicht so unzutreffend. Wenn bei Erwachsenen die Rede davon ist, dass Jugendliche herumhängen, schwingt dabei immer der indirekte Vorwurf mit, dass sie sich an einem Ort aufhalten, wo sie stören, im Weg sind, nicht sein sollten oder eigentlich nichts zu suchen haben. Wahrscheinlich haben das einige Stallbetreiber angesichts der Schar an Mädchen, die in einem durchschnittlichen Stall herumhängen, auch schon gedacht. Die Jugendlichen selbst können wahrscheinlich mit der Definition hängen lassen mehr anfangen. Schließlich lassen sie beim Herumhängen in gewisser Weise die Seele baumeln. Im Englischen gibt es zwei Begriffe für Herumhängen, einen eher negativen, hang around, der stark mit dem Makel Zeitverschwendung behaftet ist, und das neutralere hang out.

Auch wenn Mädchen und Jugendliche in Reitställen manchmal störend wirken, ihre Zeit verschwenden sie dort bestimmt nicht. Im Gegenteil: Der Umgang mit Pferden erzieht sie, zumindest nach der Theorie der FN, der Deutschen Reiterlichen Vereinigung e.V., zu verantwortungs- und selbstbewussten Persönlichkeiten. So weit die Theorie. Die FN steht unter Zwang. Sie kann gar nichts anderes behaupten, sonst würde sie riskieren, die Unterstützung aller möglichen Sponsoren, auch staatlicher, zu verlieren.

Ist es das Gute selbst an der schlimmsten Zeit, dass sie vergeht,
ist es eben das Schlimmste auch an der besten.
DANTE ALIGHIERI

Weil Pferde erwachsen machen

Pferde machen vor allem die Kinder schnell erwachsen, die von ihren Eltern kein eigenes Tier bekommen. Denn sie haben es normalerweise so eilig, sich selbst ein Pferd zu kaufen, dass sie die Schule so früh wie möglich verlassen, um ihr eigenes Geld zu verdienen. In den Auseinandersetzungen mit ihren Eltern darüber, warum sie kein eigenes Pferd bekommen, ist ihnen schon früh klar geworden, wie viel Geld wert ist. Sie können sich genau ausrechnen, wie viele Zeitungen sie austragen müssen, um eine Reitstunde zu bezahlen, sie wissen, wie viel ihre Eltern in ihren Berufen verdienen, wie viel Miete sie zahlen, wie viel sie für Strom, Essen, Kleidung und Heizung ausgeben und wie viel davon für Anschaffung und Unterhalt eines Pferdes noch übrig wäre. Oft arbeiten sie bereits neben der Schule, um sich das teure geliebte Hobby zu finanzieren, und lernen früh den so genannten Ernst des Lebens kennen.

Abgesehen vom finanziellen Aspekt machen Pferde erwachsen, weil sie viel Verantwortung voraussetzen. Auch Kinder, die Pferde haben, ohne selbst für sie aufkommen zu müssen, lernen, dass sie sich jeden Tag darum kümmern müssen, dass sie nicht mehr einfach so in den Urlaub fahren können und dass man ein Pferd nicht so schnell wieder loswird. Im Gegensatz zu Hunden oder Katzen kann man es weder unauffällig auf dem nächsten Rastplatz oder vor dem Supermarkt aussetzen, noch im Tierheim abgeben. Bevor Kinder sich ein Pferd zulegen, müssen sie vorausschauend denken und langfristig planen.

Von Pferden können Kinder außerdem lernen, sich zu beherrschen – sowohl körperlich als auch charakterlich. Um erfolgreich mit einem Pferd umzugehen, müssen sie sich Eigenschaften wie Geduld und Konsequenz aneignen und üben, sich in ungewohnte Perspektiven zu versetzen. Sie sollten sich daran gewöhnen, ruhig zu bleiben, wenn etwas nicht klappt oder wenn das Pferd nicht das tut, was sie wollen. Das ist auch für den Umgang mit Menschen im späteren Leben sehr wichtig, denn eigentlich tun doch andere nie das, was man will, sowohl im privaten als auch im beruflichen Umfeld.

Pferde liebende Kinder erkennen ihre eigenen Grenzen und die des Pferdes, die sie hoffentlich respektieren. Sowohl Kinder mit reichen Eltern und eigenem Pferd als auch solche ohne das werden durch das Zusammensein mit Pferden mit Krankheit, Tod und Verlust konfrontiert – zum Beispiel, wenn sie sich von einem Schulpferd trennen müssen, das verkauft wird, oder wenn ihr Pferd krank wird und stirbt. Doch egal, wie ernst und schwierig der Umgang mit Pferden manchmal auch sein mag, die wenigsten Kinder lassen sich dadurch von ihrer Liebe zu Pferden abbringen.

Die erste Hälfte des Lebens
versauen einem die Erwachsenen,
die zweite die Kinder.
Gaby Sessler, deutsche Schauspielerin

Weil Pferde süchtig machen

Es gibt ein Buch, das *Endlich Nichtreiter* heißt. Leider ist es inzwischen vergriffen. Seine Autorin, Susanne Puls, hat jedoch ein weiteres Buch verfasst mit dem Titel *Der ganz normale Reiterwahnsinn: Überlebenstipps, die in keinem Lehrbuch stehen.* Darin beschreibt sie sehr realitätsnah den durchschnittlichen Werdegang eines Menschen, der sich mit dem Virus der Pferdeliebe angesteckt hat, von den ersten Reitstunden im Verein bis hin zum eigenen Pferd. Wie von ihr zutreffend geschildert, hat eine Ansteckung mit dem Pferdeliebevirus leider in der Praxis oft ganz andere Auswirkungen auf die betroffenen Menschen, als es die FN gerne sehen würde. Anstatt auf reife, verantwortungsbewusste Persönlichkeiten, von denen die FN in ihren offiziellen Statements so gerne spricht, wenn es darum geht, ob der Reitsport förderungswürdig ist oder nicht, trifft man eher auf ziemlich schräge Typen.

Kommt ein normaler Mensch, das heißt ein Außenseiter, der sich nicht mit dem Pferdevirus angesteckt hat, mit Reitern oder vor allem Pferdebesitzern in Berührung, gewinnt er leicht und nicht ganz zu Unrecht den Eindruck, dass er es mit Verrückten zu tun hat. Statt der Gelassenheit, die der Umgang mit Pferden angeblich hervorbringt, herrschen in Pferdeställen eher Fanatismus, Frust, Verzweiflung, Wut oder Angst vor. Die Mehrheit der Durchschnittsreiter hat ein Pferd, mit dem sie nicht zurechtkommt, das lahmt oder irgendwie andersartig krank ist, sich nicht reiten lässt oder zumindest nicht so, wie gewünscht. Erstaunlich viele Reiter haben Angst vor ihrem eigenen Tier oder vor dem Schulpferd, das ihnen zugeteilt wird. Unter den Einstellern und zwischen Einstellern und Stallbetreibern herrscht oft eine Art Kriegszustand.

Hört man als Außenseiter Reiter und Pferdebesitzer von ihren Erlebnissen mit Pferden erzählen, fragt man sich, warum sie sich das ganze Elend eigentlich antun, obwohl sie doch niemand dazu zwingt. Weil Pferde süchtig machen?

Wenn das so ist, hat Pferdeliebe, wie die meisten anderen Süchte, eine dunkle Seite. Ein Grund, warum sich so viele unheilbar mit dem Pferdevirus infizieren, kann ein mehr oder weniger traumatisches Erlebnis in der Kindheit oder aus den Anfängen der Reiterkarriere sein. Auf einschneidende, unvergessliche und meistens äußerst demütigende Weise wird Reitanfängern, egal ob Kindern oder Erwachsenen, in einem Reitstall sehr schnell klargemacht, dass sie Menschen zweiter Klasse sind, wenn sie kein eigenes Pferd besitzen. Besser gesagt: Es gibt im gesellschaftlichen Mikrokosmos Reitstall mehrere Klassen von Menschen. Ganz unten auf der Leiter stehen Reitanfänger ohne eigenes Pferd, und das lassen die anderen, angeblich verantwortungsbewussten und reifen Persönlichkeiten sie deutlich spüren. Um diese Demütigung zu kompensieren, streben die meisten Reiter, ohne sich dessen bewusst zu sein, nach einem eigenen Pferd oder wenigstens nach einer Reitbeteiligung, um gesellschaftlich aufzusteigen und sich besser zu fühlen. Und um dann ihr eigenes Trauma an nachrückende Reitanfänger weiterzugeben.

Dieser Teufelskreis lässt sich nur schwer durchbrechen. Auch Thomas Sutpen in William Faulkners Roman *Absalom, Absalom!*, der als 13-jähriger Unterschichtler im Süden der USA des 19. Jahrhunderts an der Tür eines reichen Plantagenbesitzers klingelt und angefahren wird, er solle gefälligst zur Hintertür kommen, hatte ursprünglich vor, mittellose Jungen hereinzubitten und freundlich zu ihnen zu sein, wenn er erst einmal seine eigene Plantage besitzt und in die gleiche Situation kommt. Und auch er hat es nicht geschafft.

Die amerikanische Autorin Jane Smiley lässt in ihrem Roman *Horse Heaven* ebenfalls eher fatale Zukunftsaussichten für Mädchen anklingen, die sich in Pferde verliebt haben. Der typische Gesichtsausdruck eines solchen Mädchens, schreibt sie, gleiche dem glückseligen, schicksalsträchtigen Blick der Passagiere, die mit der Titanic in See stachen.

Auf die Frage, warum sie persönlich trotz all der negativen Nebenwirkungen Pferde mag, antwortet die Autorin Susanne Puls heute: *Wenn ich es mir einfach machen wollte, würde ich jetzt sagen, dass Pferde wunderschöne, edle Tiere sind und das Reiten – zumindest theoretisch – eine ebenso dynamische wie erhabene Fortbewegungsart ist. Meine Faszination für Pferde und Reiten ist aber leider auch absolut irrational. Niemand, der nicht ebenfalls von dieser seltsamen Form des Wahnsinns befallen ist, kann verstehen, wieso man bereit ist, sich in seiner Freizeit von Reitlehrern anschnauzen zu lassen oder Mistkarren über schlammige Höfe zu schieben und zu allem Überfluss auch noch eine Menge Geld dafür zu bezahlen. Oder warum manchmal schon der Geruch nach frischem Heu ausreicht, um glücklich zu sein. Ich bin wohl das Opfer einer ganz speziellen Sucht, die prinzipiell nicht therapierbar ist.*

> *Das Glück, kein Reiter wird's erjagen,*
> *es ist nicht dort und ist nicht hier.*
> *Lern überwinden, lern entsagen,*
> *und ungeahnt erblüht es dir.*
> THEODOR FONTANE

Weil es mehr Spaß macht, Pferde zu putzen als die Wohnung oder das Auto

Die Wohnung putzen wir alle nur dann gerne, wenn wir eigentlich für eine Prüfung lernen oder dringend etwas ähnlich Unangenehmes erledigen müssten. Ihre Autos saugen Reiter, zumindest Reiterinnen, in der Regel erst dann aus, wenn sie kurz davor sind, so unappetitlich auszusehen, dass man niemanden mehr darin mitnehmen kann. Pferde dagegen putzen Reiter so gerne, wie manche deutsche Autobesitzer am Sonntagnachmittag ihre Fahrzeuge waschen, nur dass sie es jeden Tag tun. Vor allem junge Mädchen polieren sie regelrecht auf Hochglanz.

Hinter dem Putzen eines Pferdes steckt mehr, als man auf den ersten Blick vermuten würde. Es gibt schon allein wesentlich mehr Zubehör für das Pferdeputzen als für Autos oder Wohnungen. Ein gut sortierter Putzkasten enthält mindestens eine Kardätsche, einen Striegel, eine Wurzelbürste und einen Hufauskratzer. Aber das ist nur das Allernötigste.

Putzzeug lässt sich fast unbegrenzt erweitern. Es fängt damit an, dass man Kardätschen, Striegel und auch die meisten anderen Utensilien in vielfältigen Ausführungen kaufen kann: mit unterschiedlich weichen Borsten, in verschiedenen Größen und natürlich in allen möglichen Farben. Striegel gibt es aus Gummi, Plastik oder Eisen, und sie sind verschieden aufgebaut. Hufauskratzer der einfachen Ausführung haben nur einen Metallhaken, in der gehobenen Variante gibt es sie mit einer Bürste (und sie verschwinden ungefähr genauso gerne wie Kugelschreiber). Wer sein Pferd hingebungsvoll putzt, hat eine spezielle Bürste für den Kopf und für die Ohren eine, die besonders weich ist. Für die Mähne kann man Mähnenkämme, für den Schweif ebenfalls Spezialbürsten kaufen. Um dem Pferdefell den letzten Schliff zu geben, gibt es Poliertücher, die auch die letzten Staubkörnchen aus dem Fell ziehen.

Die Einfälle gehen den Herstellern von Reitsportzubehör nicht aus. Von Pferdestaubsaugern sind wohl tatsächlich welche verkauft worden. Um die Reinigung zu vertiefen, vor allem vor Turnieren, benutzen viele Reiter Pflegemittel, meist in Form von Shampoos, Sprays, Ölen und Fetten oder Cremes. Sie lassen das Fell glänzen oder sogar glitzern, die Hufe schneller wachsen (oder auch nicht) und machen Mähne und Schweif leichter kämmbar. Sogar Färbemittel für Hufe, Fell und Mähne kommen zum Einsatz, inklusive Glitzereffekt. Es passiert leicht, sich im Dschungel von Putzzeug und Pflegemitteln zu verlieren.

Aufbewahren kann man das alles übersichtlich und praktisch in entsprechenden Putzkästen und Taschen – oder auch ganz einfach im Plastikeimer aus dem Baumarkt.

Aber wie sauber ist sinnvoll? Putzwütige sollten sich von Zeit zu Zeit ins Gedächtnis rufen, dass die Haut und das Fell von Pferden eine natürliche Schutzschicht hat, die durch Putzmittel und vor allem durch häufiges Waschen angegriffen wird. Eine gewisse Menge Staub schützt nicht nur vor Insekten, sondern auch vor Hautkrankheiten.

Unbedingt aufpassen muss man beim Putzen allerdings darauf, dass keine durch Dreck verknoteten Haare unter dem Sattel, der Trense oder den Gamaschen reiben und Druckstellen verursachen. Das Putzen dient außerdem dazu festzustellen, in welcher Verfassung das Pferd ist, ob es zum Beispiel irgendwo Schwellungen oder Verletzungen aufweist oder sich ganz allgemein nicht wohlfühlt. Nebenbei kann man es auf verschiedene Arten massieren – von kreisenden Bewegungen mit den Fingerkuppen wie beim Tellington Touch über Akupressur bis hin zur Lymphdrainage ist alles möglich. Bevor Sie Ihrem Pferd das Fell vom Körper schaben, probieren Sie es doch mal damit.

Mit Kunst kann man sich nicht die Zähne putzen.
THEO VAN DOESBURG, NIEDERLÄNDISCHER MALER

Weil man im Urlaub eine Beschäftigung hat

Anstatt in den Urlaub zu fahren, kann man auch einfach mehr Zeit mit seinem Pferd verbringen. Wenn man ein Pferd besitzt, muss man nie wieder im Urlaub verreisen. Denn endlich hat man Zeit, sich richtig um sein Pferd zu kümmern, weil die nach der Arbeit meistens zu knapp ist.

Pferde und Reiten sind ein äußerst zeitaufwändiges Hobby – unter drei Stunden ist ein Besuch beim Pferd kaum sinnvoll. Da sich Reitställe in der Regel außerhalb von Städten befinden, muss man alleine für die Hin- und Rückfahrt mindestens eine halbe Stunde rechnen. Viele Reiter nehmen auch eine längere Fahrzeit in Kauf. Eine halbe Stunde muss man einplanen, um das Pferd zu putzen und für das Reiten herzurichten, eine Stunde für das Reiten selbst – vorausgesetzt, man will das Pferd ordentlich aufwärmen und wieder trocken reiten – und mindestens eine Viertelstunde, um es hinterher zu versorgen.

Für den geselligen Austausch mit anderen Reitern braucht man auch noch ein bisschen Zeit. Und da Pferde unberechenbare Tiere sind, läuft ein Besuch bei ihnen nie nach Plan. Es kann immer vorkommen, dass man viel mehr Zeit benötigt, zum Beispiel um sie einzufangen oder zu versorgen.

Entsprechend gaben die Befragten der Marktanalyse zum Reitsport, die das Forschungsinstitut IPSOS im Auftrag der Deutschen Reiterlichen Vereinigung zu Beginn des Jahrtausends durchführte, den Zeitfaktor als eines der Hauptprobleme an, die ihnen das Reiten erschweren oder sie ganz davon abhalten.

Für solche Leute gibt es als Alternative Reiterferien, bei denen man den gesamten Urlaub mit Pferden und Reiten verbringt. Reiturlauber können aus den verschiedensten Angeboten wählen. Ranches in den USA oder in Kanada bieten zum Beispiel Aufenthalte, bei denen man entweder ganz entspannt geführte

Ausritte unternehmen oder aktiv bei der Arbeit mithelfen und so Cowboyflair genießen kann. Viele dieser Ranches leben ausschließlich von Touristen, und das nicht erst seit heute: Owen Wister, der Autor des ersten richtigen Westerns, *The Virginian*, besuchte aus gesundheitlichen Gründen die Ranch von Bekannten im Westen der USA, um sich zu erholen, wodurch ihm die Idee zu seinem Roman kam.

In Island leben wahrscheinlich noch mehr Leute vom Tourismus, die von einstündigen bis mehrwöchigen Wanderritten mit den einheimischen Ponys alle Varianten veranstalten. Natürlich gibt es auch die ganz traditionellen Reiterferien speziell für Kinder auf Ponyhöfen oder äußerst anspruchsvolle Intensivreitkurse zu den verschiedensten Themen bei Profireitern.

Und wer ein Pferd hat und trotzdem verreisen will, der kann mit seinem eigenen Tier an einem Wanderritt teilnehmen oder Reiterferien am Meer buchen. Denn schließlich ist es nicht Sinn der Sache, im Urlaub fremde Pferde zu reiten und die eigenen Pferde zu vernachlässigen, wenn man endlich einmal Zeit für sie hätte.

Wenn man beginnt,
seinem Passfoto ähnlich zu sehen,
sollte man in den Urlaub fahren.
EPHRAIM KISHON

Weil Pferde die besten Freunde von Frauen sind

Unter den Reitern und Pferdebesitzern sind Frauen eindeutig in der Überzahl. Der Grund, warum die Pferdeliebe unter Frauen – und vor allem Mädchen – sehr viel stärker ausgeprägt ist als unter Männern (oder Jungen), ist umstritten. Es gibt eine ganze Reihe von Erklärungsversuchen für dieses Phänomen. Die wohl bekannteste Theorie hat Sigmund Freud aufgestellt. Er war fest davon überzeugt, dass Frauen vom Reiten sexuell erregt werden. Meines Wissens hat noch nie eine Frau Freuds Theorie bestätigt, doch sie hält sich trotzdem hartnäckig.

Noch Ende der 1970er Jahre lässt Tom Robbins in seinem Roman *Even Cowgirls Get the Blues* einen seiner weiblichen Charaktere, Jellybean, Freuds Theorie wiederholen. Jellybean will eine Ranch gründen, auf der nur Reiterinnen arbeiten und wo Ziegen statt Kühe gehütet werden. Auf der Suche nach Mitarbeiterinnen, so Jellybean, habe sie von vornherein die Sorte Mädchen aussortiert, die in Pferde verliebt ist. Sie glaubt, dass Eltern einen Fehler begehen, wenn sie ihren Töchtern zu Beginn der Pubertät ein Pferd schenken, um sie von Jungs abzulenken, weil sie damit in Wirklichkeit ihren Töchtern einen ungefähr fünfhundert Kilogramm schweren, organischen Vibrator kaufen.

Aber Freud hat sich ja wohl in den meisten Dingen geirrt, die Frauen betreffen. Ein Dialog zwischen zwei Reiterinnen zum selben Thema, der bei meinen Interviews zustande kam, lief jedenfalls so ab, dass die eine der beiden Frauen sagte: »Es ist ein schönes Gefühl, wenn man auf einem Pferd reitet. Das wollte ich jetzt eigentlich gar nicht sagen, weil man es auch missverstehen kann.« Worauf die andere antwortete: »Das kommt ganz auf den Sattel an.«

Der neueste Erklärungsversuch, warum es mehr nach Pferden verrückte Frauen gibt als Männer, stammt von dem Evolutionspsychologen Harald Euler, der bis vor Kurzem Lernpsychologie an der Universität Kassel unterrichtete. (Er musste die Uni nicht etwa wegen seiner Theorie verlassen, sondern wurde ganz normal aus Altersgründen emeritiert.) Wie sein Fachgebiet nahelegt, sucht Euler nach einer Begründung für dieses Phänomen in der menschlichen Evolution. Er stützt seine Theorie auf Umfragen unter reitenden Mädchen und hat festgestellt, dass diese nicht so sehr am Reiten selbst interessiert sind, sondern daran, die Tiere zu umsorgen – sie zu füttern, zu pflegen und zu hegen, zu putzen, ihnen Mähne und Schweif zu frisieren und solche Dinge. Reiten ist für sie eher Nebensache.

Pferde, so Euler, sind für Mädchen also ein Puppenersatz. Sie leben an den Pferden ihren Trieb aus, der ihnen von der Evolution eingepflanzt wurde – nämlich, den Nachwuchs zu versorgen. Bevor sie sich an einen Mann binden und dessen Kind großziehen, finden sie hier ein Feld für praktisches Üben. So erklärt sich für Euler auch, warum so viele Mädchen das Interesse an Pferden verlieren, sobald sie ihren ersten Freund haben – es sei denn, er reitet auch. Reiten an sich macht Mädchen hauptsächlich deswegen Spaß, meint Euler, weil es ihnen zu einem Gefühl von Macht und Stärke verhilft: Endlich von der Aufsicht des Vaters befreit, können sie auch einmal bestimmen, wo es langgeht.

Jungs dagegen, hat Euler beobachtet, empfinden Pferdepflege eher als lästig, wenn sie denn überhaupt reiten. Was sie interessiert, sind Turniere, in denen sie ihre Leistung mit anderen messen können. Das hat nach Euler ebenfalls in der Evolution seinen Ursprung, denn Männer sind wegen der Arterhaltung darauf aus, ihre Gene weit zu streuen. Dafür brauchen sie möglichst viele paarungsbereite Frauen, um die sie allerdings mit anderen Männern konkurrieren müssen. Deswegen sind sie wild auf Wettkämpfe, in denen sie sich mit ihren Rivalen messen können, weil sich Frauen nur von Siegern angezogen fühlen. Diese wiederum, immer um den Nachwuchs besorgt, sind auf der Suche nach den fähigsten Männern, also nach den Siegern der Turniere. Das erklärt gleichzeitig, warum man auch im Reitsport an der

Spitze mehr Männer als Frauen findet, obwohl sie an der Basis so rar sind.

Neben den Wettkämpfen ist das Pferd für Männer als Reittier interessant, weil Mobilität für sie einen großen Stellenwert besitzt. Schließlich müssen Männer möglichst weit herumkommen, um die Frauen überhaupt erst einmal zu finden, die ihnen helfen sollen, ihre Gene zu verbreiten, erklärt Euler. Sobald Autos vorhanden waren, brauchten sie dazu keine Pferde mehr, denn mit dem Auto konnten die Männer bei ihrer Frauensuche noch schneller noch weiter herumkommen.

Für Frauen dagegen, behauptet Euler, waren auch in den frühen Zeiten der Menschheitsgeschichte Pferde nicht in erster Linie als Reittiere interessant, sondern vornehmlich als Nahrungslieferanten und Transportmittel – natürlich für den Nachwuchs. Die Amazonen und geschichtliche Zeugnisse von reitenden Frauen ordnet Euler dem Reich der Fantasie zu.

Was also soll man der Deutschen Reiterlichen Vereinigung empfehlen, die um den fehlenden Nachwuchs an reitenden Männern besorgt ist? Auch hier weiß Euler Rat: Nebenbei erwähnt er, dass Männer für Frauen umso attraktiver sind, je (erfolg-)reicher sie sind – also auch, je mehr Pferde sie besitzen.

Männer wünschen sich eine Frau,
mit der man Pferde stehlen kann.
Frauen wünschen sich Männer,
mit denen man ein Auto kaufen kann.
ANNA MAGNANI, ITALIENISCHE SCHAUSPIELERIN

Weil Pferde Menschen zusammenbringen

Mehr noch als Hunde verschaffen Pferde ihren Besitzern Kontakte zu anderen Leuten. Mit einem Hund hat man die Wahl: Man kann auch alleine spazieren gehen und muss nicht darauf eingehen, wenn einen andere Spaziergänger oder Hundebesitzer auf den Hund ansprechen. Man muss höchstens ab und zu einen Tierarzt aufsuchen.

Bei Pferden ist das anders. Sie sind Herdentiere. Eines alleine zu halten ist Tierquälerei. Nur um das Tier unterzubringen, ist man also genötigt, Kontakt zu anderen Menschen aufzunehmen – es sei denn, man ist menschenscheu und reich genug, um mehrere Pferde und einen eigenen Stall zu besitzen. Man kann sein Pferd zwar alleine reiten, zumindest wenn man sich bei ihm so weit durchsetzen kann, dass es sich von seinen Stallgenossen wegbewegen lässt, aber wenn man kein Profi ist, wird man früher oder später Reitunterricht brauchen, und Reitunterricht ist eine äußerst kommunikative Angelegenheit – oder sollte es zumindest sein. Gehört man ohnehin zu den Menschen, die Kontakt zu anderen suchen und vielleicht gerade deswegen mit dem Reiten angefangen haben, bieten einem Pferde dazu mehr Gelegenheit als Hunde.

Pferde bringen Menschen zusammen: bei gemeinsamen Ausritten, auf Turnieren, bei Wanderritten, bei Zuchtveranstaltungen wie Stutenschauen oder Hengstkörungen, bei Brauchtumsveranstaltungen wie Leonhardiritten oder – wenn auch auf unangenehme Weise – vor Gericht. Obwohl bei den meisten dieser Veranstaltungen Reiter gegeneinander antreten und eine Konkurrenzsituation herrscht, sind das Gemeinschaftsgefühl und das Miteinander für viele Turnierteilnehmer – vor allem im Freizeitbereich – wichtiger als das Ergebnis. In der heutigen Zeit, in der sich Individualismus und Einzelgängertum immer stärker ausbreiten und viele die meiste Zeit alleine vor ihrem Computer verbringen und allenfalls virtuell mit anderen Menschen kommunizieren, sorgen Pferde dafür, dass wir den direkten Umgang mit anderen nicht verlernen.

Vertraue auf dein Glück,
aber binde dein Pferd an.
SPRICHWORT

KAPITEL 5

Das Pferd im Sport

Pferde gehen so,
wie sie am Zügel gehalten werden.
SPRICHWORT

Weil man mit Pferden auch Kutsche fahren kann

Aller Wahrscheinlichkeit nach haben Menschen Pferde zunächst als Zugtiere benutzt, bevor sie auf die Idee kamen, auf ihnen zu reiten. In den grauen Vorzeiten der Menschheit gab es noch keine Kutschen, wie wir sie heute kennen, stattdessen zogen die Pferde primitive Travois-Gestelle, die aus zwei Holzbalken mit einem Tuch dazwischen bestanden und am Boden hinter dem Pferd hergeschleift wurden.

Längst haben Pferdekutschen als Transportmittel im Reise- und Straßenverkehr ausgedient, aber seit einigen Jahren erlebt das Fahren mit Pferden eine Renaissance, sowohl im Turnier- als auch im Freizeitbereich. Positiv daran ist, dass es Frauen und Männer zusammenbringt. Um eine Kutsche zu steuern und im Gleichgewicht zu halten, sind zwei Insassen besser als einer. Man kann das Fahren also mit der ganzen Familie gemeinsam betreiben, selbst wenn man sich nur ein Pferd leisten kann. Oder man kann auch mehrere Pferde vor eine Kutsche spannen, und das auf ziemlich vielfältige Weise: zwei, drei, vier, fünf oder sechs, zu dritt oder zu zweit nebeneinander oder hintereinander. Zu zweit auf einem Pferd zu reiten ist dagegen schwierig. Und wenn einer immer nebenher joggen oder mit dem Rad fahren muss, ist das auf Dauer unbefriedigend.

Kutschen haben zudem den Vorteil, dass Männer ihr Faible für Technik an ihnen ausleben können. Viele Reiter (und auch Pferde) finden Kutschefahren angenehmer als Reiten: die Pferde, weil nichts ihren empfindlichen Rücken belastet, und die Reiter, weil die Pferde viel entspannter laufen. Zumindest als Beifahrer kann man mal ganz in Ruhe die Landschaft genießen.

Ein weiterer Grund, warum Reiter Kutschen lieben, ist der, dass diese oft so schön anzusehen sind. Nicht nur bei Hochzeitskutschen legen die Fahrzeugbauer viel Wert auf das Design. Das war schon immer so. Manche Pferderassen wurden extra fürs Fahren gezüchtet, um vor der Kutsche gut auszusehen, zum Beispiel auch die großen, langhaarigen, schwarzen Friesen. Kutschen und ihre Gespanne waren schon immer auch ein Statussymbol, die Farben der Pferde spielten dabei eine große Rolle. Und zu einer Traumhochzeit gehört auch heute noch eine Hochzeitskutsche mit weißen Pferden.

Wenn nur der Kutscher klar sieht,
dann wird auch mit blinden Pferden das Ziel erreicht.
Johann Nepomuk Nestroy

Weil man mit Pferden wandern kann

Nichts vertieft die Beziehung zwischen Mensch und Pferd so sehr wie ein Wanderritt. Die meisten Reiter sind normalerweise nur zwei bis drei Stunden am Tag bei ihrem Pferd. Auf einem Wanderritt verbringt man den ganzen Tag und unter Umständen die ganze Nacht mit ihm. Je nachdem, wie lange der Ritt dauert, können es sogar auch mal mehrere Tage und Nächte sein. Unter Menschen wie unter Pferden ist es kein Problem, zwei oder drei Stunden zusammen auszuhalten, aber ganze Tage und ganze Nächte – da lernt man unweigerlich noch andere Seiten an den zwei- oder vierbeinigen Wandergefährten kennen.

Wanderreiten ist gleichzeitig die beste Art, in der Natur zu sein und Flora und Fauna von neuen Seiten kennenzulernen. Der Geruch des Pferdes überdeckt in der Regel den seines Reiters, sodass wildlebende Tiere, denen man auf einem Ritt begegnet, den Menschen nicht wittern und demzufolge nicht weglaufen.

Außerdem kommt man mit Pferden durch ganz anderes Gelände als zu Fuß, mit dem Rad oder mit dem Auto. Eigentlich würde man vermuten, dass man bei dem flächendeckenden Straßennetz und den vielen Städten heutzutage mit Pferden nicht mehr sehr weit kommt und dass einem, wo keine Straßen und Häuser sind, Zäune den Weg versperren. Doch es gibt tatsächlich Wanderreiter, die mit ihren Tieren schon die ganze Welt umrundet haben. Mehrere Länder und Kontinente sind keine Seltenheit unter ambitionierten Wanderreitern.

Inzwischen gibt es für fast jedes Land Wanderreitkarten, die Unterbringungsmöglichkeiten für Pferde verzeichnen und Routen auflisten, auf denen man zu Pferd problemlos vorankommt. Denn die Unterbringung für die Nacht ist eine der größten Herausforderungen beim Wanderreiten. Bevor es Autos gab, gehörte zu jeder Herberge ein Stall – heute ist das umgekehrt: Wanderreiter steuern Ställe an, in denen es als Zusatz Übernachtungsmöglichkeiten für sie selbst gibt.

Es ist leicht, zu Fuß zu gehen,
wenn man sein Pferd am Zügel hat.
SPRICHWORT

GRUND NR. 64

Weil die Deutschen ohne Pferde viel weniger Goldmedaillen gewinnen würden

In der Sportberichterstattung – ob in der Zeitung, im Fernsehen oder im Radio – führt der Reitsport ein Schattendasein. Eigentlich ist das unerklärlich. Denn normalerweise wird entweder über diejenigen Sportarten viel berichtet, in denen das eigene Land gerade besonders erfolgreich ist, oder über die, bei denen es um viel Geld geht. Nun sind die Deutschen seit Jahren die erfolgreichste Nation unter den Reitern – oder waren es zumindest bis vor Kurzem: 2009 war das erste Jahr, in dem die Deutschen bei den Europameisterschaften im Reiten keine Medaille in den Einzelwettbewerben erzielt haben. Was die Gelder angeht, die zu gewinnen sind, rangiert Reiten dicht hinter Fußball und Tennis. Gewettet wird zwar nur bei Trab- und Galopprennen, aber viele Reitturniere sind ähnlich hoch dotiert.

Doch selbst bei Weltmeisterschaften und Olympischen Spielen, bei denen sich auch Nichtsportler plötzlich für Sport interessieren, wird wenig über Pferde berichtet. Dabei würden die Deutschen im Medaillenspiegel der Olympischen Spiele ohne Pferde um einiges schlechter wegkommen.

Die gute Bilanz verdanken sie vor allem den Dressurreitern. Seit 1912 ist Dressurreiten als olympische Disziplin zugelassen, allerdings zunächst nur für Männer oder – streng genommen – nur für Offiziere. Und im ersten Jahr hat gleich ein Deutscher die Goldmedaille in der Dressur geholt, nämlich Carl-Friedrich Freiherr von Langen. Insgesamt hat Deutschland in den Dressur-Einzelwettbewerben sechs Goldmedaillen errungen und damit mehr als jedes andere Land. Als Mannschaft haben die Deutschen in der Dressur insgesamt zwölf Goldmedaillen gewonnen (wenn man 1936 mitzählt), in den letzten sieben Olympischen Spielen hat Deutschland ohne Unterbrechung den ersten Platz belegt.

In der Vielseitigkeit hat 2008 zum ersten Mal ein Deutscher Einzelgold erreicht. In allen Reitsportdisziplinen zusammen – Dressur, Springen und Vielseitigkeit – hat Deutschland 36 Goldmedaillen gewonnen und 79 Medaillen insgesamt.

Seit den Doping-Skandalen der jüngsten Zeit und den Erfolgen der Holländer in der Dressur prophezeien zwar viele das Ende der deutschen Siegessträhne, doch vielleicht erschließen sich ab den nächsten Olympischen Spielen im Jahr 2012 durch Reining (eine Sportart aus dem Westernreiten) als neue olympische Disziplin den Deutschen zusätzliche Gewinnchancen.

Vielleicht fahre ich nur hin, mache Party und trinke Bier.
BODE MILLER, US-AMERIKANISCHER SKIFAHRER,
ÜBER SEINE TEILNAHME AN DEN OLYMPISCHEN SPIELEN

Weil Pferde schnell sind

Rennen liegt dem Fluchttier im Blut. Pferderennen gehören daher zu den ältesten sportlichen Wettkämpfen, die sich Menschen ausgedacht haben. Sie dürften wohl auch die erste Reitsportdisziplin sein, die Menschen mit Pferden betrieben haben. Ursprünglich dienten die Rennen dazu, die besten Tiere auszuwählen, um mit ihnen weiter zu züchten. Die besten Pferde, das war damals gleichbedeutend mit den schnellsten. Im Krieg und im Alltag. Um Strecken zu überwinden oder Nachrichten zu überbringen, kam es vor allem auf die Schnelligkeit der Vierbeiner an.

Die schnellste Gangart des durchschnittlichen Pferdes ist sein Galopp, weswegen Galopprennen immer im Galopp ausgetragen werden, obwohl theoretisch auch jede andere Gangart erlaubt wäre. Auf die Idee von Trabrennen oder – für Gangpferde – Tölt- oder Passrennen kam man erst später. In den USA, in Kanada und Island spielen Passrennen bereits eine größere Rolle als Trabrennen, und es werden dabei auch höhere Geschwindigkeiten erzielt. Reiter-Pferde-Paare, die sich in anderen Gangarten bewegen als Trab, Tölt oder Pass, werden bei solchen Rennen ausgeschlossen.

Die meisten Galopprennen werden mit englischen Vollblütern ausgetragen, Rennen mit gemischten Pferderassen gibt es im Profisport nicht. Vollblüter, die in England Rennen laufen, sind allerdings so teuer, dass sie meistens gar nicht mehr einer einzelnen Person gehören – außer, diese ist so reich oder adelig wie zum Beispiel die Queen –, sondern dass sich mehrere Halter ein Pferd teilen.

Wegen der Wetten sind Pferderennen ein bedeutender Wirtschaftszweig, aber kein unproblematischer, denn hier lässt sich nicht nur auf legale Weise mehr Geld gewinnen als beim Lottospielen. Pferderennen sind außerdem für Kriminelle die ideale Gelegenheit, Geld zu waschen.

Viele Menschen besuchen die Rennbahn aber auch einfach nur zum Zuschauen, weil sie von der Schnelligkeit der Pferde fasziniert sind. Im Galopp können die Tiere Spitzengeschwindigkeiten von bis zu 70 Kilometern pro Stunde erreichen, Isländer im Rennpass immerhin noch 45 Kilometer pro Stunde. Den Kurzstreckenrekord im Galopprennen hält das amerikanische Quarter Horse, das seinen Namen den in Amerika traditionellen Rennen über die Distanz von einer Viertelmeile verdankt. Es schafft rund 420 Meter in der Rekordzeit von nur 19 Sekunden.

Rennpferde wie Vollblüter begeistern auch deshalb mehr als andere Pferde, weil sie athletisch, also schön und elegant aussehen und unglaublich zäh sein und viel aushalten müssen, um die Anforderungen für den Sport zu erfüllen. Vielleicht sind die Menschen aber auch von schnellen Pferden fasziniert, weil sie selbst davon träumen zu flüchten, wegzurennen und allem, was sie verfolgt, zu entkommen.

Ein Pferd verweigert niemals
einen Galopp zum Stall.
SPRICHWORT

Weil es ohne Pferde keine Poloshirts geben würde

Obwohl Polo, ein Mannschaftsballspiel zu Pferde, ursprünglich aus Persien kommt, denkt man dabei heute, genau wie bei Galopprennen, als Erstes an England. Polo ist für Pferde und Reiter ein sehr harter, rauer und nicht selten brutaler Sport. Unter bestimmten Umständen ist es zum Beispiel erlaubt, den Gegner mit dem eigenen Körper oder dem des Pferdes von seinem Weg abzudrängen.

Als Buck Brannaman, der berühmte amerikanische Horseman und Cowboy, eher zufällig in die Poloszene in Florida geriet und dort sogar Prince Charles die Hand schütteln durfte, kam ihm vor allem folgendes Manöver zugute: Dank der Rancharbeit, durch die seine Pferde an Kühe und andere Tiere gewöhnt waren, fanden sie nichts dabei, ein anderes Pferd anzurempeln und vom Ball abzudrängen.

Von den Schlägern, mit denen die Spieler wild durch die Gegend fuchteln, während sie versuchen, den Ball zu treffen, geht natürlich auch eine große Verletzungsgefahr aus. Deshalb tragen Polospieler Helme, und die Beine der Pferde sind mit dicken Schonern umwickelt.

Der berühmteste Ausrüstungsgegenstand eines Polospielers ist jedoch sein T-Shirt. Unter Sportlern und Nichtsportlern jedes Alters und jeder Gesinnung sind die so genannten Poloshirts heute weit verbreitet. Dabei wurden diese Hemden, zumindest die heute übliche kurzärmelige Variante, gar nicht von den reitenden Polospielern erfunden, sondern von einem Tennisspieler, dem Franzosen René Lacoste. Er vermarktete seine Kleidung nicht mit einem Pferd, sondern mit einem Krokodil als Markensymbol, weil Krokodil sein Spitzname war.

Obwohl Polospieler und andere Sportler das praktische T-Shirt schon in den 30er Jahren des 20. Jahrhunderts aus dem Tennis übernahmen, bürgerte sich seine heutige Bezeichnung erst ein, als der amerikanische Modehersteller Ralph Lauren in den 1970er Jahren T-Shirts mit Kragen und Knopfleiste Poloshirts nannte und kräftig Werbung dafür machte. Lauren kaufte die Markenrechte für die Bezeichnung Polohemd von der Firma Brooks Brothers, bei der er als Verkäufer seine Karriere begonnen hatte. Die Brooks Brothers hatten nämlich bereits viel früher als Lacoste ein langärmeliges Polohemd produziert, zu dem sie tatsächlich der Reitsport inspiriert hatte. Es war entstanden, als John Brooks Ende des 19. Jahrhunderts sah, dass englische Polospieler die Kragen ihrer Hemden mit Sicherheitsnadeln feststeckten, damit sie nicht herumflatterten und sie beim Spielen behinderten. Letztlich verdanken wir das Poloshirt also doch den Pferden.

Falls Sie noch nie ein Polospiel gesehen haben:
Es ist ungefähr wie Hockey, nur zu Pferd.
BUCK BRANNAMAN, »PFERDE, MEIN LEBEN«

Weil man Pferden Kunststücke beibringen kann

Pferde sind ohne Zweifel eine der Hauptattraktionen, wegen denen Kinder und Erwachsene gerne in den Zirkus gehen. Bei ihnen hat man noch eher als bei den Raubtieren das Gefühl, dass sie die Zirkusnummern ohne Zwang absolvieren und dass die Dressur nicht allzu sehr gegen ihre eigentliche Natur verstößt. Ob Zirkuspferde tatsächlich ein artgerechtes, glückliches Leben führen, ist umstritten und wahrscheinlich von Zirkus zu Zirkus verschieden.

Viele Reiter jedoch, die mit ihren Pferden nicht im Zirkus auftreten, sondern sie ganz normal für Springen oder Dressur einsetzen, bringen ihnen ebenfalls Zirkuskunststücke bei. Für die Pferde ist das eine tolle Abwechslung, und die Reiter haben damit oft viel mehr Erfolg als beim normalen Reiten. Das liegt wahrscheinlich nicht daran, dass den Pferden diese Kunststücke leichter fallen als die üblichen Dressurlektionen oder das Überspringen von Hindernissen, sondern einfach daran, dass der Mensch die Kunststücke viel lockerer und weniger verbissen angeht als das Turniertraining. Pferde spüren das und arbeiten daher viel motivierter mit.

Dazu kommt, dass Reiter, die ihren Pferden Zirkuslektionen beibringen, meistens Leckerlis oder Karotten oder Äpfel zur Belohnung einsetzen, was sie beim normalen Reittraining eher nicht tun. Außerdem loben sie viel konsequenter, sobald das Pferd eine erwünschte Bewegung macht, und sei sie auch noch so klein. Nicht zu vergessen ist der Einfluss des Publikums: Ein Pferd, das ein Kunststück zeigt, welcher Art auch immer, erntet automatisch Applaus, und die Anerkennung motiviert – zumindest den Reiter.

Pferd und Reiter entdecken ganz neue Seiten an sich: Es ist erstaunlich, was man Pferden alles beibringen kann, wenn man nur genügend Geduld hat. Sie geben ihre Hufe, machen Komplimente, legen oder setzen sich hin, steigen auf Befehl, schütteln den Kopf, stampfen mit den Hufen, heben Gegenstände vom Boden auf oder apportieren sie. Eigentlich lernen sie fast alles, was man auch Hunden beibringen kann.

Womit man Zirkuskunststücke in der Reiterei nicht verwechseln darf, das ist die so genannte Zirzensik. Darunter versteht man Lektionen aus der Barockreiterei wie Spanischen Schritt oder Kompliment, bei dem das Pferd ein Vorderbein am Boden ausstreckt und das andere abknickt, sodass seine Vorhand tiefer liegt als die Hinterhand. Der Unterschied zwischen zirzensischen Lektionen und Zirkuskunststücken ist, dass zirzensische Lektionen nicht dazu gedacht sind, ein Publikum zu beeindrucken, sondern das Pferd zu gymnastizieren und zu erziehen, sodass es sich geschmeidiger bewegt. Begeisterte Zuschauer sind dabei ein Nebeneffekt. Erstaunlich ist: Pferde begeistern ihre Zuschauer eigentlich immer, egal, was sie tun, ob sie nur herumstehen oder die tollsten Kunststücke zeigen.

Behandle dein Pferd so,
wie du selbst behandelt werden willst.
LINDA TELLINGTON-JONES

Weil man auf Pferden turnen kann

Turnen ist schon eine schwierige Angelegenheit, wenn man es am Boden tut. Für Turner, die eine besondere Herausforderung suchen und Pferde lieben, gibt es das Voltigieren. Natürlich stammt es, wie fast alle Erfindungen, ursprünglich aus dem militärischen Bereich. Sinn und Zweck der Turnübungen auf dem Pferd, besonders des Auf- und Abspringens im Galopp, waren einsatzfähigere Soldaten. Voltigieren schult vor allem Gleichgewicht, Kraft und Beweglichkeit, und für Soldaten war es verständlicherweise besonders wichtig, auf ein laufendes Pferd auf- und von ihm wieder herunterspringen zu können. Hatten sie in einer Schlacht ihr eigenes Pferd verloren, erhöhte es ihre Überlebenschancen beträchtlich, wenn sie sich das flüchtende Tier eines anderen schnappen konnten.

Zum Militärtraining gehörte auch die Übung, von einem laufenden Tier auf ein mitgeführtes Handpferd zu wechseln. Schon in der Antike gab es Pferderennen, die Reiter auf diese Weise mit zwei Pferden bestritten. Heute dient Voltigieren meistens dazu, Kinder auf das Reiten vorzubereiten, die noch zu klein für Großpferde sind. Für sie ist nicht so sehr das Auf- und Abspringen nützlich, sondern dass sie dadurch einen freihändigen und somit zügelunabhängigen Sitz lernen – eine der wichtigsten Voraussetzungen für gutes Reiten.

Im Profisport wird Voltigieren aber auch als Selbstzweck betrieben. Während sich die Sportart durch die Jahrhunderte entwickelte, gab es immer wieder Phasen, in denen Pferde teilweise eine untergeordnete Rolle spielten: Statt lebendiger Tiere setzte man Holzpferde ein, woraus sich später auch das moderne Sportgerät mit dem gleichen Namen entwickelt hat.

Trotzdem erklären die meisten Voltigierer, dass es das Pferd ist, was sie an ihrer Sportart besonders fasziniert. Sie legen äußerst viel Wert darauf, ihr Tier gut zu versorgen, es wird als Sportler betrachtet, der zum Team gehört. Denn was Voltigierer an ihrem Sport außerdem fasziniert, ist der Teamzusammenhalt, der natürlich vor allem beim Mannschaftsvoltigieren entsteht. Mehr noch als das Fahren ist Voltigieren eine der wenigen Reitsportdisziplinen, die mehrere Reiter gemeinsam ausüben können. Und obwohl dem Pferd beim Voltigieren eher eine passive Rolle zukommt – schließlich ist es streng betrachtet nur eine Turnunterlage –, sagen Voltigierer oft, dass sie bei ihrem Sport ein größeres Gemeinschaftsgefühl mit dem Pferd spüren als beim Reiten, weil das Pferd Teil des Teams ist.

Die schwierigste Turnübung ist immer noch,
sich selbst auf den Arm zu nehmen.
WERNER FINCK, KABARETTIST,
SCHAUSPIELER UND SCHRIFTSTELLER

Weil manche Pferde tölten können und manche sogar sechs Gänge haben

Es gibt mehr Pferderassen, die tölten können, als nicht töltende. Tölt und Pass gehören zu den so genannten lateralen Gängen, weil das Pferd beide Beine einer Körperseite nacheinander bewegt. Im Trab oder im Galopp ist die Fußfolge dagegen diagonal. Tölt und Pass sind natürliche Gangarten, man muss sie einem Pferd, das die entsprechende Veranlagung hat, nicht erst beibringen oder künstlich anerziehen, wie viele meinen. Auch andere Tierarten tölten oder gehen Pass, zum Beispiel Elefanten, Kamele oder ganz normale Hunde.

Bevor die Menschen lieber Kutsche fuhren als zu reiten und als es noch kein ausgebautes Straßennetz gab, waren töltende Pferde besonders beliebt – einerseits für lange Reisen, andererseits bei Frauen, die damals ja nur im Damensattel reiten konnten und im Trab Schwierigkeiten gehabt hätten, sich auszubalancieren. Heute gilt Tölt als Spezialgangart einiger exotischer Pferderassen wie Isländer, Paso Finos, Tennessee Walkers oder Peruanische Pasos.

Ein Pferd zu reiten, das nur drei Gangarten hat, ist an sich schon schwierig genug. Bei einem Gangpferd kommt als besondere Herausforderung hinzu, dass der Reiter es erst einmal dazu bringen muss, in der gewünschten Gangart anzutreten. Denn viele Pferde mit einer lateralen Gangveranlagung haben nicht nur ein oder zwei Gangarten mehr zu bieten, sondern zusätzlich zahlreiche Abstufungen zwischen den einzelnen Gangarten, ohne sie klar zu trennen.

Trotzdem sind sie überaus beliebt. Der Grund dafür ist, dass Tölt bequem zu reiten ist, weil er den Reiter nicht so sehr erschüttert wie Trab. Das liegt daran, dass ein töltendes Pferd immer mit einem Bein am Boden bleibt, es gibt keine Sprungphase, die den Reiter aus dem Sattel wirft. Voraussetzung dafür ist allerdings, dass der Tölter taktklar läuft, sonst kann es leicht passieren, dass sein Tölt unbequemer zu sitzen ist als der Trab eines anderen Pferdes. Und es ist gar nicht so leicht, ein Islandpferd oder einen anderen Tölter dazu zu überreden, unter dem Reiter taktklar zu bleiben – die Anstrengung, die der Reiter investieren muss, bis er das Pferd so weit hat, kann unter Umständen größer sein als die Mühe, ein trabendes Pferd auszusitzen.

Die Römer schätzten den Trab gar nicht hoch;
ein Traber war ein Succussator (Rüttler) oder sogar Cruciator
und Tormentor. Nach Beschreibungen der Römer ritten auch
die Germanenstämme Tölt und Pass. Zum Anlernen benutzten
sie gelegentlich einen Strick zwischen den lateralen Beinen.
WALTER FELDMANN UND ANDREA-KATHARINA ROSTOCK,
»ISLANDPFERDE REITLEHRE«

Damit sie nicht mehr über zu hohe Hindernisse springen müssen

Lothar Matthäus (siehe Zitat) hat recht: Von Natur aus würden Pferde wahrscheinlich am liebsten gar nicht springen. Ein Pferd über ein Hindernis zu zwingen, das größer ist als es selbst, grenzt an psychische Vergewaltigung.

Damit Pferde nicht nur so hoch springen, wie es gerade erforderlich ist, sondern noch höher als das Hindernis, haben sich Springreiter zahlreiche Methoden einfallen lassen. Die bekannteste davon ist wohl das so genannte Barren, das durch Paul Schockemöhle Anfang der 1990er Jahre bekannt wurde. Bei dieser Trainingsmethode wird dem Pferd im Sprung mit einer Stange gegen die Beine geschlagen, damit es wegen der Schmerzen und des Schrecks höher springt. Der Schlag wird entweder mit der obersten Hindernisstange ausgeführt, die ein Helfer anhebt, nachdem das Pferd abgesprungen ist, oder mit einer anderen Stange oder einer Gerte. Barren kann man auch mit Eisenstangen, die für das Pferd schwer zu erkennen sind. Es wird so dazu gebracht, Sprünge höher einzuschätzen, als sie wirklich sind. Um sich nicht wehzutun, springt es schon aus Vorsicht höher. Für den Reiter ist das natürlich ein Vorteil, weil sich das Risiko verringert, dass die oberste Stange fällt.

Obwohl Barren offiziell verboten ist und in den Medien stark kritisiert wurde, ist es weiterhin weit verbreitet. Genauso wie die Praxis, die Beine der Pferde mit Salben oder Mitteln einzureiben, die sie schmerzempfindlicher machen. Oder Gamaschen, die die Pferdebeine eigentlich schützen sollen, innen mit Glasscherben oder anderen spitzen Gegenständen zu bestücken.

Es ist kaum zu glauben, dass Leute, die ihre Pferde auf diese Art trainieren, sie trotzdem zu lieben behaupten. Man fragt sich, was eigentlich in ihren Köpfen vorgeht. Um die Freude am

Reiten oder am Zusammensein mit dem Pferd kann es bei ihnen doch schon lange nicht mehr gehen. Sind sie Sadisten? Sind es das Geld, der Erfolg und der Applaus, was sie dazu treibt, Pferde zu misshandeln? Sollte es nicht einfachere, weniger aufwändige Methoden geben, an Geld, Erfolg oder Anerkennung zu kommen, wenn es nur darum geht?

Anstatt einzelne Springreiter zu kritisieren, die bei solchen Trainingsmethoden erwischt werden, oder die Methoden zu verbieten, wäre es sinnvoller, das Übel an der Wurzel zu packen. Das eigentliche Problem scheint doch darin zu liegen, dass die Anforderungen, die der Spitzenspringsport an die Pferde stellt, zu hoch sind und gegen die natürliche Leistungsgrenze der Tiere verstoßen.

Das gilt natürlich nicht nur fürs Springen, sondern auch für andere Turnierdisziplinen. Weil es aber alle so machen, wird es von vielen Reitern gar nicht mehr wahrgenommen. Werden in Pferdezeitschriften zum Beispiel Fotos von Vielseitigkeitssprüngen abgedruckt, auf denen Pferde spektakulär stürzen oder ihre Reiter aufgrund von Balance-Schwierigkeiten derartig an den Zügeln ziehen, dass es den Pferden die Gebisse aus dem Maul reißt, findet man dazu oft keinerlei kritische Kommentare zur Qual der Tiere, sondern stattdessen wird die Turnierleistung gelobt. Wenn Reiter ihre Pferde tatsächlich lieben, besteht vielleicht Hoffnung, dass sie öfter mal darüber nachdenken, ob das Pferd auch Spaß an dem hat, was sie von ihm verlangen.

Ein gutes Pferd springt nur so hoch,
wie es gerade muss.
Lothar Matthäus

177

Weil Pferde länger durchhalten als jeder Marathonläufer

Die kürzesten Distanzritte, die an einem Tag bewältigt werden, gehen über 25 Kilometer. Die deutsche Meisterschaft im Distanzreiten verlangt von den Teilnehmern allerdings 160 Kilometer und damit deutlich mehr, als ein Marathonläufer zurücklegen muss. Trotzdem sind einige Distanzreiter gleichzeitig Marathonläufer oder ähnlich gut konditioniert, denn auch ein Distanzritt fordert vom Reiter viel, wenn er Stunden oder gar Tage im Sattel verbringen muss. Noch dazu, wenn man bedenkt, dass die Hauptgangart in Distanzritten normalerweise Trab ist, was nicht gerade entspanntes Reiten zulässt.

Bevor die reiterlichen Vereinigungen und Verbände Distanzreiten als offizielle Sportdisziplin anerkannten und ein entsprechendes Regelwerk aufstellten, ließen die teilnehmenden Pferde bei den Marathonritten nicht selten ihr Leben. Wenn sie auch nicht unterwegs starben, so brachen sie jedoch manchmal vor Erschöpfung zusammen, nachdem sie ihren Reiter ins Ziel gebracht hatten. Deswegen sind tierärztliche Kontrollen während und nach dem Ritt heute ein wesentlicher Bestandteil der Wettkämpfe. Es kommt nicht so sehr darauf an, das Ziel unter allen Umständen so schnell wie möglich zu erreichen, sondern mit einem Pferd, das noch in guter Verfassung ist. Tierärzte messen regelmäßig die Pulsfrequenz der teilnehmenden Pferde, und wenn sie nicht den Vorgaben entspricht, wird der Reiter ausgeschlossen oder muss warten, bis sein Pferd wieder ausgeruht ist.

Bei Distanzritten ist deshalb das Motto »Der Weg ist das Ziel« zutreffender als bei den meisten anderen Sportarten. Die Pferderasse, die man in Distanzritten am häufigsten antrifft, sind Araber. Denn Araber sind Wüstenpferde. Sie wurden schon immer dazu gezüchtet und eingesetzt, lange Strecken unter harten

Bedingungen zurückzulegen. In der Wüste mussten sie lernen, mit wenig Wasser, wenig Proviant, hohen Temperaturen und einem tückischen, schwierigen Untergrund zurechtzukommen. Das Einzige, womit Araber nicht so gut klarkommen, sind zu schwere Reiter, denn ihre Rücken sind empfindlicher als ihre Beine – auch ein Grund, warum Distanzreiter sich besonders fit halten müssen. Stuten sind wegen ihrer Muskelverteilung übrigens besser für Distanzritte geeignet als Hengste oder Wallache.

Obwohl das Distanzreiten in den arabischen Ländern zu Hause ist, findet der wohl berühmteste Distanzritt der Welt, der Tevis Cup, in den USA statt. Sein offizieller Name lautet 100 Miles One Day Western States Trail Ride. Unter den modernen Distanzwettkämpfen ist er der älteste: Er findet seit 1955 jedes Jahr einmal statt. Reiter müssen die 100 Meilen innerhalb von 24 Stunden überwinden. Jeder, der das Zeitlimit nicht überschreitet und dessen Pferd in einem entsprechenden Zustand ist, erhält den so genannten Completion Award, eine silberne Gürtelschnalle. Das Pferd unter den ersten zehn, das im besten Zustand ist, bekommt als zusätzlichen Preis den Haggin Cup. Er wurde zum ersten Mal 1964 an einen sechsjährigen Araberwallach namens Keno verliehen. Der Ritt beginnt oberhalb von Lake Tahoe auf der Grenze zwischen Kalifornien und Nevada und führt von dort aus über die Gebirgsregion der Sierra Nevada durch Deadwood nach Westen. Zielpunkt ist Auburn. Jeder, der mit seinem Pferd erfolgreich einen Ritt wie den Tevis Cup übersteht, wird sein Tier für alle Zeiten lieben.

Große Werke werden nicht durch Gewalt, sondern durch Ausdauer vollbracht. Derjenige, der mit Entschlossenheit drei Stunden pro Tag vorangeht, wird in sieben Jahren eine Entfernung so groß wie den Erdumfang hinter sich bringen.
Samuel Johnson, Essayist und Dichter

Weil es ohne Pferde keine Cowboys in Deutschland geben würde

Das Westernreiten entstand in den USA aus der Notwendigkeit heraus, Kühe zu hüten, die über große Flächen verstreut weideten. Als es bis auf wenige Strecken noch keine Tiertransporte per Eisenbahn gab, mussten Cowboys die Kühe von einem Ort zum anderen bringen. Außerdem hatten sie die Aufgabe, die Tiere ganz allgemein zu versorgen, dazu gehörte: impfen, kastrieren, enthornen und den neu Geborenen oder Gekauften das Brandzeichen ihres Besitzers einbrennen.

Aufgrund der unterschiedlichen klimatischen Verhältnisse war in Deutschland die Viehhaltung auf ausgedehnten Flächen nie eine so gängige Praxis wie in den USA, in Südamerika oder auch in einigen südeuropäischen Ländern. Berittene Rinderhirten gab es hier nicht, und wenn die Deutschen nicht das Westernreiten als Sport und Freizeitbeschäftigung entdeckt hätten, wäre das auch heute noch so.

In Deutschland gibt es die Cowboys nicht wegen der Kühe, sondern umgekehrt: Manche Pferdebetriebe halten sich Kühe nicht wegen der Milch oder wegen des Fleisches, sondern einzig und allein dazu, dass ihre Einsteller in ihrer Freizeit für ein paar Stunden Cowboys spielen können. Inzwischen gibt es in Deutschland sogar Turniere, bei denen Reiter und Pferde bestimmte Aufgaben mit Kühen zeigen müssen, obwohl die Kühe zum größten Teil aus dem Westernreiten wegrationalisiert wurden. Einige der Disziplinen basieren zwar noch auf den ursprünglichen Arbeiten rund um die Kühe, doch diese sind gar nicht mehr mit von der Partie, und die verlangten Manöver sind mehr Selbstzweck als Mittel zum Zweck.

Selbst bei den Wettbewerben, in denen Kühe noch mitspielen, geht es – jedenfalls in Deutschland – nicht so sehr ums Rinderhüten, sondern eher um ein Lebensgefühl. Jeder, der sich zum American Way of Life hingezogen fühlt, zur rauen Natur und ungebundenen Lebensweise, für die der Wilde Westen steht, wird sich vom Anblick eines Cowboys angezogen fühlen – egal, ob mit Kuh oder ohne. Der populärste Imageträger Amerikas hat sich längst verselbstständigt und ist zum Symbol für Freiheit, Gerechtigkeit, Integrität und ein authentisches, einfaches, ehrenhaftes und naturverbundenes Leben geworden.

Die Liebe zu Pferden hat es geschafft, dass Cowboys heute auch in Deutschland unser Leben bereichern. Auch wenn es manchmal komisch wirkt, dass man statt amerikanischen Slangs alle möglichen deutschen Dialekte hört.

Das Pferd sollte lernen,
soweit wie möglich alleine zu arbeiten,
mit einem Minimum an Hilfen.
REINER KLIMKE, ZITIERT IN SYLVIA LOCH,
»DIE KUNST DER KLASSISCHEN REITWEISE«

Weil Reiten gut für den Rücken ist

Damit kein Missverständnis aufkommt: Hier ist der Rücken des Reiters gemeint, nicht der des Pferdes. Für den Pferderücken ist Reiten eher schlecht, außer der Mensch reitet wirklich gut. Für den Rücken des Reiters kann es dagegen sehr gut sein, sich auf dem Pferd fortzubewegen. Man sitzt beim Reiten aufrecht, weder Hohlkreuz noch Rundrücken sind erwünscht, man darf die Schultern nicht hochziehen, belastet beide Gesäßknochen gleichmäßig und kräftigt und entspannt Becken und Hüfte gleichzeitig. Natürlich immer vorausgesetzt, man macht alles richtig und das Pferd auch.

Die Chinesen sagen: Glück beim Wandern ist so viel wert wie ein fetter Pferderücken beim Reiten. Fühlt sich das Reiten nicht gut an, sondern eher schmerzhaft, kann es ganz schnell in eine Katastrophe für den Rücken und vor allem die Bandscheiben ausarten, zumindest bei allen anderen Gangarten außer im Schritt. Es ist nicht verwunderlich, dass viele Reiter über Rückenschmerzen klagen und dass die Diskussion, ob Reiten für den Rücken eher gut ist oder schadet, immer wieder von Neuem entflammt. Denn die Masse reitet eben nicht korrekt. Entweder haben die Reiter nicht das Geld oder nicht die Zeit, guten Unterricht zu nehmen, oder ihnen fehlt das Talent, um auf Reitunterricht verzichten zu können. Dann hängen sie eben einfach irgendwie auf ihren Pferden herum. Anstatt im Trab locker mit dem Becken mitzuschwingen, knallen sie bei jedem Tritt in den Sattel und stauchen Steißbein und Bandscheiben.

Selbst bei guten Reitern können Auseinandersetzungen mit noch unausgebildeten, gerade erst eingerittenen Pferden, die buckeln oder unkontrolliert davonstürmen, zu Rückenschäden führen. So sind Rodeoreiter prädestiniert für Bandscheibenvorfälle oder andere Verletzungen an den Rückenwirbeln.

Richtiges Reiten ist trotz allem gut für den Rücken. Und wenn Rückenschmerzen durch falsches Reiten ausgelöst werden, führt das wenigstens dazu, dass der Reiter seine Fehler bemerkt. Er wird dann automatisch bewusster mit seinem Pferd und seinem Rücken umgehen, und das ist immer von Vorteil. Konfuzius soll gesagt haben: *Die Erfahrung ist wie eine Laterne im Rücken, sie beleuchtet stets nur das Stück Weg, das wir bereits hinter uns haben.*

Bete nicht um leichtere Lasten,
sondern um einen stärkeren Rücken.
Teresa von Avila

Weil Pferde Körperbeherrschung erfordern

Alle Reiter streben nach einem Pferd, das sich auf beiden Händen gleich gut reiten lässt. Es soll rechts genauso problemlos angaloppieren wie links, sich nach rechts genauso gerne biegen wie nach links, auf beiden Seiten gleich beweglich, gleich weich und gleich stark sein.

In der berühmten Skala der Dressurausbildung nennt man das, ein Pferd gerade zu richten, seine natürliche Schiefe durch gymnastische Übungen wegzubekommen. Erstaunlicherweise verfolgen die meisten Reiter das tatsächlich als realistisches Ziel in ihrer täglichen Arbeit. Dabei vergessen sie anscheinend völlig, dass sie von ihrem Pferd kaum etwas erwarten können, was sie selbst nicht beherrschen.

Welcher Mensch ist schon in der Lage, mit seinen beiden Händen gleich gut schreiben oder Dosen öffnen zu können? Wie viele bringen es beim Hoch- oder Weitsprung mit beiden Absprungbeinen auf die gleiche Entfernung? Bei wem sind die linke und die rechte Seite gleichermaßen dehnbar? Wie viele Reiter schaffen es, von rechts auf ihr Pferd zu steigen – überhaupt hinaufzukommen, geschweige denn mit derselben Eleganz oder Mühelosigkeit? Alle Menschen sind mindestens genauso schief wie Pferde. Und sobald sie auf ihrem Tier sitzen, übertragen sie, ungewollt und unbewusst, die ungleichmäßigen Kräfteverhältnisse ihres eigenen Körpers auf das Pferd unter ihnen. Sie ziehen rechts kräftiger am Zügel, sie drücken rechts mit dem Bein fester zu, es fällt ihnen leichter, Wendungen zu einer bestimmten Seite zu reiten, ihr Pferd im Rechts- oder Linksgalopp leichter zu sitzen.

Deswegen macht es eigentlich viel mehr Sinn, bei Pferden von einer angerittenen Schiefe zu sprechen als von einer natürlichen. Neueste Forschungen haben bewiesen, dass allein das ständige Aufsitzen von einer Seite die Wirbelsäule des Pferdes förmlich verbiegt. Will man die Schiefe seines Pferdes trotzdem wegbekommen oder gar nicht erst entstehen lassen, ist es ratsam, zuerst an seinem eigenen Körper zu arbeiten. Wenn man auf einem Pferd sitzt, sollte man im Idealfall genau wissen, was jeder einzelne Körperteil tut. Außerdem sollte man in der Lage sein, seine Körperteile unabhängig voneinander zu bewegen und zu steuern. Denn nur dann kann man auch präzise auf die einzelnen Teile des Pferdes einwirken.

Nicht umsonst betreiben viele Reiter zum Ausgleich oder als Ergänzung zum Reiten Körperübungen nach Feldenkrais oder aus dem Yoga. Denn es reicht natürlich nicht, wenn man nur die halbe oder eine Stunde lang, die man pro Tag oder pro Woche im Sattel verbringt, den Rücken gerade hält, die Schultern nicht hochzieht und darauf achtet, was man mit seinen einzelnen Körperteilen eigentlich so tut. Will man sich Haltungsfehler auf dem Pferd abgewöhnen, darf man sie auch dann nicht beibehalten, wenn man nicht auf dem Pferd sitzt.

Das gilt auch für den Umgang mit dem Pferd vom Boden aus. Reiter, die ihr Pferd und sich gerade richten möchten, dürfen nicht immer nur von links führen. Denken sie daran, nicht nur ihr Pferd, sondern vor allem erst einmal sich selbst gerade zu richten, verursacht das viel seltener Rückenschmerzen, es gibt weniger gefährlich einseitige Abnutzungen an Knochen, Sehnen, Bändern und Gelenken – und auch die Krankenkassen werden Pferde lieben.

Wenn wir nicht wissen, was wir tatsächlich tun,
dann können wir unmöglich das tun, was wir möchten.
MOSHÉ FELDENKRAIS,
»DIE ENTDECKUNG DES SELBSTVERSTÄNDLICHEN«

Weil es nirgendwo so viele Wege durch ein Viereck gibt wie beim Reiten

In Deutschland findet Reiten überwiegend in Räumen statt. In eigens dafür gebauten Reithallen. Vielleicht weil das Wetter sich irgendwie nie wirklich dazu eignet, draußen zu reiten. Im Sommer ist es zu heiß, oder es gibt zu viele Insekten. Im Frühling und im Herbst ist es zu regnerisch und daher der Boden zu matschig, oder es ist zu windig – die meisten Pferde reagieren auf Wind so, dass sie noch leichter erschrecken, zur Seite springen oder plötzlich losgaloppieren als sonst. Im Winter wird es wiederum zu früh dunkel, es ist zu kalt, oder der Boden ist gefroren, und es liegt Schnee: Das Risiko, dass der Schnee an den Hufeisen kleben bleibt oder die Pferde wie auf Stelzen laufen, ausrutschen, sich ein Bein brechen oder mitsamt Reiter stürzen, gehen die meisten Reiter lieber nicht ein. Stattdessen nutzen sie zum Reiten eben lieber die Halle oder allenfalls noch einen Außenreitplatz, auch Dressurviereck oder schlicht Viereck genannt.

Für Außenstehende (und für viele Pferde) wirkt das, was sie in der Halle oder im Viereck tun, schrecklich langweilig. Es macht den Eindruck, als würden sie die ganze Zeit im Kreis reiten. Sind mehrere Reiter in der Halle, sieht es manchmal auch aus, als würden sie planlos durcheinanderreiten. Wie durch ein Wunder, so scheint es, kommt es dabei selten zu Zusammenstößen.

Der Grund dafür ist, dass es fast genauso viele Bahnregeln und -figuren gibt wie Verkehrsregeln und Verkehrsschilder. Diese sind übrigens international mindestens genauso einheitlich wie die Grundregeln der Straßenverkehrsordnungen. Die wichtigste Regel ist, dass die Reiter auf der linken Hand immer Vorfahrt vor denen auf der rechten Hand haben. Linke Hand reiten die, deren linke Seite dem Bahninneren zugewandt ist. Die zweite Hauptregel sagt aus, dass langsamere Gangarten den nächstschnelleren Platz machen müssen. Das heißt, wer Schritt reitet, reitet etwas weiter innen, lässt also den ersten Hufschlag frei.

Die dritte Hauptregel lautet: Wer ganze Bahn reitet, also ganz außen und ganz außen herum, hat Vorfahrt vor Reitern, die sich auf dem Zirkel oder auf anderen Hufschlagfiguren befinden. Von denen gibt es eine ganze Menge, jedenfalls aber bestimmt so viele, dass ein Reiter, der eine Stunde lang mit seinem Pferd in der Halle unterwegs ist, keine einzige Strecke zweimal zurücklegen müsste. Stattdessen kann er halbe Bahn oder Zirkel reiten, Volten und Schlangenlinien einbauen, aus der Ecke oder in die Ecke kehrt reiten, durch die ganze, die halbe oder die Länge der Bahn wechseln oder durch den Zirkel.

Zur besseren Orientierung befinden sich an den Wänden der Halle oder des Dressurvierecks Buchstaben. Mit Hilfe dieser Buchstaben und Bahnfiguren kann ein Reiter schnell feststellen, ob sein Pferd auch wirklich genau dorthin läuft, wohin er will. Die meisten Pferde haben seltsamerweise noch nicht kapiert, dass in einem Dressurviereck nach Zeit geritten wird und dass sie nicht wieder in den Stall oder auf die Weide zurück dürfen, sobald sie eine bestimmte Strecke zurückgelegt haben. Deswegen versuchen besonders Schulpferde oft, die Bahnfiguren abzukürzen, indem sie zum Beispiel die Ecken abschneiden, anstatt sauber hineinzulaufen. Das bringt ihnen ungefähr genauso viel, wie es einem Jogger bringen würde, eine Abkürzung zu nehmen.

Der eigentliche Sinn und Zweck der Hufschlagfiguren besteht darin, die Pferde zu gymnastizieren, das heißt, sie unterschiedlich stark zu biegen und dadurch ihre Muskulatur aufzubauen und ihre Beweglichkeit zu verbessern. Es geht aber auch ohne. Westernreiter zum Beispiel haben zumindest im Alltag Bahnfiguren einfach abgeschafft und sie für Turnierzwecke stark vereinfacht. Schließlich gab es ja im Wilden Westen auch kein Wegenetz.

Wer das Pferd unnötig treibt, muss am Ende zu Fuß gehen.
Sprichwort

187

KAPITEL 6

Das Pferd in der Kultur

Die ganze europäische Kultur ruht auf vier Hufen,
die wir wieder unter uns spüren wollen.
BENT BRANDERUP, »AKADEMISCHE REITKUNST«

Weil Hufeisen Glück bringen

Hufeisen gelten als Glücksbringer. Umstritten ist allerdings, ob man sie dazu mit der Öffnung nach oben oder nach unten aufhängen muss. Am sichersten fährt man deshalb wohl, wenn man sich zwei Hufeisen an die Tür hängt. Die meisten Menschen hängen ihr Hufeisen automatisch mit der Öffnung nach unten auf, und sie fahren nicht schlecht damit. Die Auffassung, dass das Hufeisen mit der Öffnung nach oben wie eine Schale das Glück auffangen soll, ist relativ neu. Viel älter ist die Überzeugung, dass Hufeisen mit dem Bogen nach oben schützen – vor Gewittern, vor dem Teufel, vor Hexen oder anderen bösen Geistern.

Mit den eigentlichen Trägern des Hufeisens, den Pferden, hat das nur wenig zu tun. Der Aberglaube kommt wohl hauptsächlich daher, dass Hufeisen aus Eisen sind, und dem Eisen werden übernatürliche Kräfte zugeschrieben, seit der Mensch herausgefunden hat, dass es durch Hitze verformt werden kann – vor allem natürlich zu Waffen, Schutzschilden und Helmen. Lediglich Hexen wird speziell eine Angst vor Pferden nachgesagt – vielleicht, weil sie auf Besen durch die Luft reiten anstatt auf Pferden. Hufeisen sollen auf Hexen deswegen dieselbe Wirkung haben wie Knoblauch auf einen Vampir. Um zu verhindern, dass Hexen auferstehen, hat man deshalb im Mittelalter auch gerne Hufeisen an ihre Särge genagelt.

Mit Glück assoziiert man Hufeisen vor allem deswegen, weil Liebesbriefe früher durch Boten mit Kutschen oder zu Pferde zugestellt wurden. Auf die Idee, Eisen mit Nägeln an Pferdehufen zu befestigen, kamen erst die Kelten. Die Römer versuchten noch, sie festzubinden, gehörten also eher zur Hufschuh-Fraktion.

Wer den Nagel am Hufeisen nicht achtet, der verliert auch das Pferd.
SPRICHWORT

Weil man die apokalyptischen Reiter
dann viel sympathischer findet

Die apokalyptischen Reiter treten in der Bibel im sechsten Kapitel der Offenbarung des Johannes, ganz am Ende vom Neuen Testament, auf. Der erste der vier Reiter reitet einen Schimmel, trägt eine Krone und hat einen Bogen bei sich. Da ein paar Kapitel später Jesus selbst auf einem weißen Pferd auftritt, hielt man lange Zeit wenigstens den ersten der apokalyptischen Reiter für eine positive Gestalt, die zwar Krieg, aber auch einen Sieg für die Gerechtigkeit bringt. Schimmel waren traditionell die Lieblingspferde der Könige, und Jesus wird in den entsprechenden Textstellen auch als König bezeichnet.

Erst Martin Luther kam auf die Idee, den Reiter auf dem weißen Pferd negativ zu interpretieren. Angeblich inspiriert von einem Holzschnitt Albrecht Dürers vermutete Luther, dass der erste Reiter für Verfolgung durch Tyrannen steht – trotz der weißen Farbe des Pferdes, die traditionell Reinheit und Unschuld nahelegt. Vielleicht mochte Luther keine Schimmel.

Beim zweiten Reiter, der auf einem feuerroten Pferd sitzt, sind sich die meisten Bibelausleger einig, dass er nichts Gutes verheißt. Die rote Farbe des Pferdes wird normalerweise mit Blut in Verbindung gebracht, der Reiter bringt Blutvergießen und Tod. Wahrscheinlich ritt er einen Fuchs oder einen Braunen – über die Mähnenfarbe sagt die Bibel nichts. Traditionell gelten Füchse als Sanguiniker, also Tiere, bei denen unter den vier Körpersäften das Blut überwiegt und die deshalb leichtblütig, lebhaft und temperamentvoll sind.

Der dritte apokalyptische Reiter sitzt auf einem Rappen und hat eine Waage bei sich. Die Bibelausleger assoziieren die schwarze Farbe mit Tod durch Hunger und vermuten, dass die Waage auf Nahrungsknappheit hindeutet.

Der vierte Reiter ist nicht viel besser dran: Er heißt Tod, hat die Hölle dabei und bringt Krieg, Hunger, Pest und wilde Tiere. Die fahle Farbe seines Pferdes lässt einen Falben vermuten, welcher Unterfarbe auch immer.

Obwohl sie nichts Gutes bringen, sondern eher den Weltuntergang prophezeien, haben die apokalyptischen Reiter viele Künstler inspiriert, sie zu malen, zu besingen oder über sie zu schreiben. Wahrscheinlich haben sie das ihren Pferden zu verdanken. Vielleicht ergeht es ihnen dabei ähnlich wie berittenen Polizisten, denen man nachsagt, dass die Pferde der Zivilbevölkerung die Angst vor den Beamten nehmen und sie sympathischer machen als ihre zu Fuß gehenden Kollegen.

In dem Lied *The Four Horsemen* der Band Metallica zum Beispiel bringen die apokalyptischen Reiter – interessanterweise auf Pferden aus Leder unterwegs – den Tod eher für diejenigen, die Böses getan haben.

Bei Terry Pratchett sind der Tod und sein Schimmel Blinky eher ein arg geplagtes und viel beschäftigtes Paar, und den anderen drei apokalyptischen Reitern geht es nicht viel besser. Als sie sich in dem Roman *Der Zeitdieb* zur Apokalypse treffen, versucht Frau Krieg ihren Mann davon abzuhalten, mit den anderen zu reiten, weil er schwach und verwirrt ist. Bei Pratchett erhalten die vier außerdem Unterstützung durch einen fünften Reiter: Chaos – oder Ronnie –, der leicht nach Käse riecht, weil er hauptberuflich als Milchmann arbeitet, und die anderen Reiter mit einem jovialen »Hello, boys« begrüßt. Doch auch bei Pratchett definieren sich die apokalyptischen Reiter in erster Linie über ihre Tiere: »We're Horsemen! How can they do that to *us*?«

Only, while it is true we have to ride out,
Death added, drawing his sword,
it doesn't say anywhere against whom.
TERRY PRATCHETT, »THIEF OF TIME«

Weil Künstler ohne Pferde
um ein Motiv ärmer wären

Nicht nur die apokalyptischen Reiter, sondern Pferde ganz allgemein wurden von Künstlern schon immer gerne gemalt. Ohne Frage sind diese Tiere bei allen Zeichnern und Malern beliebt, egal, ob es sich dabei um professionelle Künstler handelt.

Wenn Kinder von Zeitungsredaktionen aufgefordert werden, ihre Zeichnungen zum Abdruck einzuschicken, sind immer auch Pferde dabei, und ohne redaktionelle Auswahl würde man am Ende wahrscheinlich fast nur Pferde finden.

Am berühmtesten von allen je gemalten Pferden sind wahrscheinlich die blauen des Expressionisten Franz Marc. Zusammen mit dem Maler Wassily Kandinsky hat er eine Künstlervereinigung mit dem Namen *Der Blaue Reiter* gegründet, in einem gleichnamigen Heft verbreiteten sie ihre Auffassungen über Kunst. Kandinsky erklärte, dass die Farbe Blau den Menschen in das Unendliche ruft und die Sehnsucht nach Reinem und Übersinnlichem in ihm weckt. Franz Marc hatte seine erste ausgedehnte Begegnung mit Pferden wahrscheinlich während seines Wehrdienstes um die Jahrhundertwende, kurz vor seinem Studium. Es ist sicher kein Zufall, dass es auch die Zeit war, in der er beschloss, Maler zu werden und an die Kunstakademie zu gehen. Bei ihm steht Blau für Männlichkeit, Tiere für Ursprünglichkeit und ein Leben in Einklang mit der Natur, aber er hat auch rote Pferde und Pferde in anderen Farben gemalt. Und egal, wie viele andere Bilder und Kunstwerke er noch geschaffen hat, seine blauen Pferde werden vermutlich immer die berühmtesten und beliebtesten bleiben. Dabei soll Marc, als eine Frau bedauerte, dass die Farbe seiner Pferde nicht der Natur entspräche, gesagt haben, dass es sich ja auch um Bilder von Pferden handelte und nicht um echte Tiere. Vielleicht werden Pferde in der Kunst deshalb so gerne dargestellt, weil ein fiktives Pferd nach einem echten immer noch das Beste ist, was man haben kann, und weil die meisten Menschen in der modernen Welt einfach keinen Platz, keine Zeit oder kein Geld für ein echtes Pferd haben.

Unter Fotografen sind Pferde genauso beliebt wie unter anderen Künstlern, und sie sind wohl eine der wenigen Tierarten, auf die sich Fotografen spezialisieren. Viele machen ganz allgemein Tierfotos, und andere sind auf Pferde spezialisiert. Aber gibt es auch Fotografen, die auf Hunde oder Katzen spezialisiert sind und keine anderen Tiere fotografieren?

Da Pferde schön sind und Schönheit vergänglich, scheint dem Menschen der Drang innezuwohnen, Momentaufnahmen für die Ewigkeit zu fixieren. Auch Könige, die für die Ewigkeit porträtiert wurden, ließen sich bevorzugt auf Pferden abbilden. Pferde lassen eben fast jeden gut aussehen – und sie verschönern auch jedes Bild.

So wie die Verrücktheit, in einem höheren Sinn,
der Anfang aller Weisheit ist, so ist Schizophrenie
der Anfang aller Kunst, aller Fantasie.
HERMANN HESSE, »DER STEPPENWOLF«

Weil Martinsumzüge ohne Pferde ziemlich langweilig wären

Mit den Umzügen zu Ehren des Heiligen Martin ist es so ähnlich wie mit Weihnachten. Die meisten wissen nicht mehr so genau, warum sie den Tag feiern, tun es aber trotzdem. Die Kinder freuen sich darauf, Laternen zu basteln, zu singen und vor allem natürlich darauf, das Pferd zu streicheln, das an den meisten Martinsumzügen teilnimmt.

Manchmal werden Martinsumzüge sogar extra wegen des Pferdes verschoben und finden dann nicht am 11. November, am St.-Martins-Tag, statt, sondern, falls am eigentlichen Tag kein Reiter zur Verfügung steht oder derselbe Reiter mehrere Martinsumzüge bestreiten muss, eben ein paar Tage später. Schließlich ist nicht jedes Pferd für einen Martinsumzug geeignet, es darf vor den vielen bunten, funkelnden Laternen, in denen möglicherweise ein echtes Feuer leuchtet, keine Angst haben und sich auch vor Kindern, ihrem Gesang und Geschrei und ihren streichelnden Händen nicht fürchten. Falls das Pferd doch mal scheut, kommt es ganz passend, dass der Heilige Martin der Schutzheilige der Reiter ist – neben Reisenden, Armen, Bettlern, Flüchtlingen, Abstinenzlern, Gefangenen und Soldaten.

Der Reiter, der Martin bei den Umzügen am 11. November darstellt, muss auch noch in der Lage sein, seinen Mantel zu teilen und jemandem zu geben, der neben seinem Pferd kniet.

Jeder Reiter weiß, wie schwierig so ein Unterfangen sein kann, sind sie doch im Winter ständig damit beschäftigt, ihre Jacken auf dem Pferd nach dem Warmreiten aus- und vor dem Trockenreiten wieder anzuziehen. Da Pferde von Natur aus vor allem scheuen, was schräg über oder hinter ihrem Rücken geschieht – die Angriffsstelle ihrer historischen Raubtierfeinde –, erschrecken sie sich eben auch gerne mal vor den Jacken, die ihre

Reiter an- oder ausziehen. Vor allem, wenn es sich um laut raschelnde Winter- oder Regenjacken handelt. Es ist wohl leichter, auf einem Fahrrad in voller Fahrt freihändig eine Jacke an- oder auszuziehen. Um das Problem zu bewältigen, hat die Reitsportindustrie inzwischen Jacken aus Stoffen entwickelt, die weniger Geräusche produzieren, wenn man sich darin bewegt.

Doch natürlich wäre so eine High-Tech-Jacke wegen ihres futuristischen Aussehens bei einem Martinsumzug etwas fehl am Platz. Martin von Tours lebte immerhin im 4. Jahrhundert nach Christus. Ganz abgesehen davon, dass die modernen geräuscharmen Jacken viel Geld kosten und sie kein Reiter freiwillig in zwei Teile reißen würde.

Der historische Martin war zu der Zeit, als er seinen Mantel mit dem unbekannten Armen teilte, Soldat bei der kaiserlichen Garde der Römer. Er trug eine so genannte Chlamys, einen kurzen Mantel, den die Griechen für Reisen zu Pferde entworfen hatten. Eigentlich besteht er nur aus einem rechteckigen Tuch, das über die linke Schulter geworfen und rechts mit einer Spange befestigt wird.

In den Martinsumzügen trägt der Reiter ein Stück Stoff, das bereits vor der Aufführung so manipuliert wird, dass er es ohne großen Kraftaufwand teilen kann. Manchmal funktioniert das aber doch nicht so wie geplant, und der Stoff reißt nicht, weil das Plastik- oder Pappschwert nicht scharf genug ist, oder er teilt sich an der falschen Stelle. Hier lauert schon die nächste Herausforderung für den Martinsreiter, denn selbst ein Pferd, das noch ruhig steht, während sein Reiter auf ihm mit einer Jacke herumfuchtelt, wird spätestens dann skeptisch werden, wenn er außerdem noch anfängt, mit einem Schwert zu hantieren, zumal wenn er mehrere Versuche braucht, bis er endlich zum Ziel kommt. In dieser Situation hat der Reiter natürlich auch keine Hand frei, das Pferd zu beruhigen oder es mit den Zügeln daran zu hindern, in die Kinder hineinzulaufen, die inzwischen so nah wie möglich an das Pferd herangekommen sind, weil sie es ja streicheln oder ihm ein Stück Apfel oder Karotte geben wollen. Auf jeden Fall ist es von Vorteil für einen Martinsumzugsdarsteller, wenn er sein Pferd mit einer Hand reiten kann.

Aber ungeachtet aller möglichen Pannen werden die Kinder hinterher trotzdem begeistert sein und erzählen, dass sie ein echtes Pferd gesehen oder sogar gestreichelt haben. Wahrscheinlich hat der Bettler, mit dem der historische Martin seinen Umhang teilte, das Pferd damals auch gestreichelt. Ob es aber still gestanden hat, während Martin mit Mantel und Schwert hantierte, werden wir wohl nie erfahren.

Wenn das Pferd tot ist,
kommt der Hafer zu spät.
SPRICHWORT

Weil man mit Pferden besser Weihnachten feiern kann

In der biblischen Weihnachtsgeschichte kommen keine Pferde vor. Zumindest werden sie nicht ausdrücklich erwähnt. Maria ritt auf einem Esel, den Josef führte. In dem Stall der Herberge, in dem sie übernachteten, stand legendären Ausschmückungen zufolge außerdem ein Ochse. Die Hirten, denen ein Engel die Geburt von Jesus ankündigte, hüteten Schafe – ob sie berittene Hirten waren und wie genau sie den Weg zur Herberge zurücklegten, bleibt unerwähnt. Spätestens bei den Heiligen Drei Königen jedoch, die wohl weder drei noch Könige, sondern Magier aus dem Osten gewesen sein sollen, kann man davon ausgehen, dass sie nicht zu Fuß unterwegs waren. Aber selbst wenn auch sie nicht auf Pferden ritten, sind diese in unseren heutigen Weihnachtsfeiern viel präsenter als Ochsen, Esel oder Schafe.

Auf fast jedem Weihnachtsmarkt findet man Pferde, die Kutschen ziehen oder Kinder durch die Gegend tragen, in den Weihnachtsspielen haben sie längst den Platz des Esels eingenommen, der Maria trug. Gutmütig, wie sie sind, lassen sie sich als Rentiere verkleiden und falsche Geweihe aufsetzen – was bei Ochsen schon wegen der Form ihrer Ohren schwierig wäre.

Abgesehen davon findet in nahezu jedem Reitverein und jedem Stall eine Weihnachtsfeier statt. Hier begeht man das Fest nicht nur mit Plätzchen und Glühwein, die Hauptrolle spielen Fackelritte und Quadrillen, und in viele Ställe kommt ein Geistlicher, der die Pferde segnet. Da trifft es sich gut, dass Weihnachten in Deutschland länger gefeiert wird als in den meisten anderen Ländern der Welt, denn Quadrillen erfordern wochenlanges Üben. Zwar nicht ganz so früh, wie die ersten Lebkuchen in den Supermärkten auftauchen, aber doch spätestens Anfang November beginnen die Vorbereitungen für die feierlichen Weihnachtsritte. Schließlich muss ja erst einmal entschieden werden, aus wie vielen Pferd-Reiter-Paaren die Quadrille bestehen soll und wer mitreiten darf – hier kann es passieren, dass die festliche Stimmung genauso flöten geht, wie es bei Familientreffen am 24. und 25. Dezember vorkommt.

Ist entschieden, welche Reiter ihre Pferde ausreichend unter Kontrolle haben und welche Pferde sich so weit vertragen, dass sie nebeneinanderher laufen können, ohne sich zu schlagen und zu beißen, fehlen immer noch eine Choreographie, die passende Musik und die Kostüme. Es empfiehlt sich, zuerst ohne Pferde, ohne Kostüme und ohne Musik einzustudieren, wer wohin reitet. Bei professionellen Quadrillen sind natürlich auch die Farben der Pferde aufeinander abgestimmt, aber die bunten Mischungen, die im Dezember in durchschnittlichen Reitvereinen auftreten, tun der feierlichen Stimmung keinen Abbruch. Es ist auch nicht schlimm, wenn jemand falsch oder unschön reitet oder Maria vom Pferd fällt – die Eltern im Publikum verstehen meistens sowieso nichts von Pferden oder vom Reiten. Wenn dann hinterher auch die Pferdemenschen bei den Plätzchen und dem Glühwein der nicht-reiterlichen Weihnachtsfeiern angekommen sind, könnte man den Eindruck gewinnen, dass die ganze Aufregung um die Vorführungen nur dazu gedient hat, dass alle noch ausgelassener und fröhlicher feiern können, wenn die Spannung vorbei ist. So oder so steht es außer Frage, dass Pferde jede Weihnachtsfeier ungemein bereichern.

Weihnachtszeit!
Wer spricht von Siegen.
Überstehen ist alles.
RAINER MARIA RILKE

Weil wir das Oktoberfest
einem Pferderennen verdanken

Das Oktoberfest fand 1810 zum ersten Mal statt – zur Feier der Heirat des bayerischen Kronprinzen, der später König Ludwig I. wurde, mit Therese von Sachsen-Hildburghausen. Zu Ehren der Braut wurde auf der nach ihr benannten Theresienwiese ein Pferderennen veranstaltet, das angeblich so viel Anklang fand, dass es im Jahr darauf wiederholt wurde – und ein Jahr später wieder. Im zweiten Jahr wurden die Feierlichkeiten mit einem ganz allgemeinen Landwirtschaftsfest verbunden, aber im Volksmund ist das Oktoberfest immer noch nach dem Austragungsort des Rennens, der Theresienwiese, benannt.

Die Idee zu dem Pferderennen stammte von Ludwig selbst, der Fan des antiken Griechenlands war und sich eine Art Olympische Spiele zur Hochzeit wünschte. Obwohl das Oktoberfest beim ersten Mal nur fünf Tage dauerte und eher der sportliche Aspekt im Vordergrund stand, wurde es damals schon als Volksfest bezeichnet. Und natürlich gab es außer dem Pferderennen auch weitere Attraktionen: Musik, Essen, Trinken und diverse Paraden. Trachtenumzüge wurden erstmals anlässlich der Silberhochzeit von Ludwig und Therese durchgeführt. Das Pferderennen fand seit dem Zweiten Weltkrieg nur noch einmal statt, beim 150. Jubiläum des Festes im Jahre 1960, aber zur Show ziehen Pferde noch heute die Brauereiwagen beim Oktoberfest. Diese Aufgabe wird traditionell von Kaltblütern erledigt – großen, schweren Tieren, die sich eher nicht für Pferderennen eignen.

Pferderennen gehören zu den ältesten Sportarten der Menschheit. Die Römer, die ihre Wagenrennen im Circus Maximus auf Steinboden veranstalteten, waren nicht die Ersten. Ursprünglich dienten Pferderennen jedoch vorwiegend dazu, die besten Pferde für die Zucht zu ermitteln.

So entstand die Rasse des englischen Vollbluts, das speziell für Galopprennen gezüchtet wird. Sein englischer Name, Thoroughbred, was wörtlich gründlich gezüchtet heißt, deutet auf die Rolle hin, die hier die Selektion durch den Menschen gespielt hat. Herausgekommen ist ein Pferd, das ein außerordentlich zäher, ausdauernder, temperamentvoller und athletischer Hochleistungssportler ist und nicht mehr viel mit dem Urtyp gemein hat.

Aufgrund dieser Eigenschaften gibt es nur wenige andere Pferderassen, die nicht im Laufe ihrer Zuchtgeschichte irgendwann durch die Einkreuzung von Vollblütern veredelt wurden. Das heißt, man hat versucht, auch bei anderen Rassen mehr Temperament, mehr Bewegungsfreude und einen eleganteren Körperbau zu erzielen.

Neben Galopprennen mit Vollblütern gibt es aber auch zahlreiche andere Formen von Pferderennen, zum Beispiel Trabrennen, bei denen die Pferde einen leichten zweirädrigen Wagen, das Sulky, ziehen, oder Hindernisrennen, bei denen sie zusätzlich springen müssen.

Auch die Züchtung anderer Rassen als Vollblüter ist eng mit Rennen verbunden: Quarter Horses zum Beispiel verdanken ihren Namen dem Umstand, dass Cowboys früher, wenn sie frei hatten und keine Kühe hüten mussten, mit ihren Pferden Rennen veranstaltet haben, die über eine Viertelmeile gingen. Auf dieser Strecke, die kürzer ist als die eines Galopprennens, ist das Quarter Horse ungeschlagen – seine starke Hinterhand ermöglicht ihm eine besonders schnelle Beschleunigung innerhalb kürzester Zeit.

Angeblich beschleunigen Pferde grundsätzlich schneller als Autos und liegen beim Kräftemessen gegen Motoren auf den ersten zehn Metern immer vorn. Isländer dagegen lassen ihre Pferde gerne im Passgang gegeneinander antreten, bei dem das Pferd – anders als im Galopp – jeweils beide Beine auf einer Seite gleichzeitig bewegt, bevor es sich in der Sprungphase befindet, in der es alle vier Beine in der Luft hat. Anders als Quarter Horses gehören Isländer zu den wenigen Rassen, die weitgehend frei von Vollblutanteilen geblieben sind: Auf der Abgeschiedenheit der atlantischen Insel konnten sie sich lange Zeit ohne Einkreuzungen durch fremde Pferde entwickeln, da es streng verboten ist, Pferde nach Island zu importieren, und sobald ein Islandpferd einmal die Insel verlassen hat, darf es nicht mehr zurückkehren.

Welche Pferderassen und Gangarten damals auf der Theresienwiese mitmischten und ob Ludwigs Griechenlandliebe so weit ging, dass auch Wagenlenker zum Einsatz kamen – die Griechen waren eher Wagenlenker als Reiter –, wurde leider nicht festgehalten.

Wer die Wahrheit sagt,
braucht ein schnelles Pferd.
SPRICHWORT

Weil Wien sonst keine
Spanische Hofreitschule hätte

Die Spanische Hofreitschule befindet sich trotz ihres Namens in Wien. Sie heißt so, weil spanische und portugiesische Reitmeister und Pferderassen die klassische Reitkunst, die Hohe Schule der Reiterei, maßgeblich geprägt haben. Und diese Tradition wird auch heute noch an der Spanischen Hofreitschule gepflegt. Hofreitschule heißt sie deshalb, weil in ihr ursprünglich Mitglieder der Habsburger, der damaligen kaiserlichen Familie, reiten lernten. Ihre Anfänge gehen bis ins 16. Jahrhundert zurück.

Heute reiten dort längst nicht mehr nur Adelige. Seit dem Ende des Ersten Weltkriegs kann auch die Öffentlichkeit hin und wieder einen Blick hinter die Tore der Hofreitschule werfen. Und im September 2008 durften zum ersten Mal zwei Frauen als Auszubildende in die Hofreitschule eintreten.

Anstatt mit spanischen Pferden arbeiten die Bereiter heute ausschließlich mit Lippizaner-Hengsten. Die Lippizaner betreffend streiten sich heute noch gelegentlich Österreich und Italien darum, wem die Pferderasse gehört oder gehören sollte, von der sie behaupten, dass sie die älteste Kulturpferderasse der Welt sei – was immer sie damit genau meinen. Jedenfalls haben die Lippizaner ihren Namen von dem Gestüt, in dem die Habsburger Monarchen ihre Pferde züchteten. Es lag in Slowenien, das damals zu Österreich-Ungarn gehörte und von den Habsburgern, aber auch schon von allen möglichen anderen Ländern regiert wurde – die Verwirrung um die Nationalität der Hofreitschule und ihrer Pferde ist nicht verwunderlich.

Lippizaner selbst haben internationales Blut, sie entstanden aus Kreuzungen zwischen iberischen und neapolitanischen Pferden sowie Arabern. Sie sind fast immer Schimmel. Das Gestüt, in dem sie heute gezüchtet werden und das die Spanische Hofreitschule mit Nachwuchspferden (ausschließlich Hengsten) beliefert, ist das österreichische Bundesgestüt Piber.

Die Bereiter der Spanischen Hofreitschule kann man jedoch überall auf der Welt sehen, denn sie gehen regelmäßig auf Tour und führen ihre Künste vor, schließlich muss sich die Hofreitschule ja irgendwie finanzieren. Wie den meisten Künsten fehlt ihr heute ein praktischer Zweck, denn die Übungen der Hohen Schule, die Reiter und Pferde dort lernen, werden inzwischen von keinem Landesfürsten mehr gebraucht, um Kriege zu gewinnen. Was die Institution am Leben hält, ist einzig und allein die Faszination, die Pferde und Reiten auf ein zahlungswilliges Publikum ausüben.

Die Arbeit soll dein Pferd sein,
nicht dein Reiter.
SPRICHWORT

Weil Wappen mit Pferden gut aussehen

Pferde gehören zu den häufigsten Wappentieren. Das ist nicht weiter verwunderlich, weil die Wappen von Ritterheeren erfunden wurden. Sie kamen erst zur Zeit der Kreuzzüge in großem Stil auf. Eine Theorie besagt, dass diese Wappen Rittern in gleich aussehenden Rüstungen helfen sollten zu erkennen, mit wem sie es auf dem Schlachtfeld zu tun hatten – Freund oder Feind. Eine andere Theorie vertritt die Meinung, dass Wappen entstanden, damit die Zuschauer von Ritterturnieren auch aus größerer Entfernung erkennen konnten, wer gerade gegen wen antrat. Das soll auch die Begründung für die Kontrastfarben sein, die in Wappen vorherrschen. Bei Turnieren und in Schlachten waren diese Wappen auf Fahnen zu sehen oder auf Schilden und Helmen.

Es gibt aber auch ältere Wappen. Der Orden der Templer zum Beispiel führte Pegasos, ein geflügeltes Pferd, in seinem Wappen, als Zeichen der Armut. Der Sachsenherzog Widukind, ein Gegner von Karl dem Großen, verwendete im 8. Jahrhundert ein schwarzes Pferd als Feldzeichen. Nach seiner Bekehrung zum Christentum wandelte er es in ein weißes Pferd um – möglicherweise auch, weil Karl der Große ihm zur Taufe einen Schimmel schenkte.

Schwarz und Weiß, also Rappen und Schimmel, sind die gebräuchlichsten Pferdefarben in Wappen. Auf Widukinds weißes Pferd geht vielleicht auch das berühmteste Wappenpferd, das Sachsenross, zurück. Andere Historiker glauben, dass das berühmte Uffington White Horse, ein Scharrbild, das in England in den Boden geritzt ist, der Ursprung aller weißen Wappenpferde ist. Als Pferd ist es wegen seiner Überlebensgröße nur aus der Luft zu erkennen. Die weiße Farbe rührt von dem Untergrund aus Kreide her. Wie alt es ist und wer es warum in den Boden geritzt hat, ist unsicher – es könnte 2000 Jahre alt sein oder viel jünger, es könnte als Zeichen eines Sieges im Krieg gedient haben oder der Götterverehrung. Denn die keltische Fruchtbarkeitsgöttin Epona, die gleichzeitig die römische Göttin der Pferde und der Reiterei ist, wird ebenfalls in Gestalt eines weißen Pferdes dargestellt. Schon sehr früh hatten Menschen also offenbar das Bedürfnis, Pferde als Zeichen ihrer Macht oder als Imageträger abzubilden, ganz so, wie sie heute in Markenlogos oder in der Werbung auftauchen.

Pferde, Waffen und Frauen
sollte man niemandem anvertrauen.
SPRICHWORT

Weil Pferde unsere Kultur entschleunigen

In unserer heutigen Gesellschaft muss immer alles möglichst schnell gehen. Viele Menschen und Unternehmen sind in erster Linie bestrebt, bestimmte Abläufe zu verkürzen. Alles soll effizienter werden – sprich: nicht so viel kosten. Mitunter bekommt man das Gefühl – vor allem in der Arbeitswelt –, dass alles möglichst schon fertig sein sollte, bevor man überhaupt damit begonnen hat.

Eigentlich sollten Menschen heute mehr Zeit haben als früher, weil die durchschnittliche Lebenserwartung deutlich länger ist. Die Hektik des modernen Lebens, das Gefühl, trotz einer längeren Lebensspanne immer weniger Zeit zu haben, muss daher kommen, dass Menschen heute zu viele Dinge auf einmal in ihr Leben packen möchten. Das führt leider oft dazu, dass sie zwar viele verschiedene Dinge tun, aber nichts mehr gründlich und richtig. Wenn nichts mehr länger dauern darf als unbedingt nötig, endet das oft damit, dass man sich nicht einmal mehr die Zeit nimmt, die auf jeden Fall nötig wäre.

So wie Studien- und Schulzeiten verkürzt werden, sollen auch Pferde innerhalb weniger Zeit mehr lernen, sprich: nicht so viel Geld kosten, indem sie jahrelang ungeritten und unverkäuflich auf einer Koppel herumstehen. In ähnlicher Weise, wie es unter Schülern immer öfter zu Amokläufen kommt und unter Studenten diejenigen mehr werden, die von konzentrationssteigernden Medikamenten abhängig sind und psychologische Betreuung benötigen, häufen sich unter Pferden so genannte Problempferde und solche, die körperlich oder psychisch schon kaputt sind, bevor sie überhaupt ein zweistelliges Lebensalter erreicht haben. Anstatt mit vier oder fünf werden sie mit ein oder zweieinhalb Jahren angeritten, und anstatt mit acht oder neun werden sie dreijährig als fertig ausgebildete Pferde verkauft.

Man fragt sich, wozu. Wieso haben es vor allem all die Hobby-reiter so eilig? Wo wollen sie hin, und warum wollen sie früher ankommen? Warum glauben sie, mehr von einem Pferd zu haben, das mit zwei Jahren an seinem ersten Turnier teilnimmt und mit sieben kaputt ist, als von einem, das mit vier zum ersten Mal einen Sattel trägt und mit 35 Jahren noch topfit ist? Was haben sie davon, wenn ihr Pferd ein Jahr früher fliegende Galopp-wechsel beherrscht als ein Jahr später?

Logisch betrachtet, ist es doch langweilig für den Reiter, wenn das Pferd fertig ausgebildet ist und nichts Neues mehr dazulernen kann. Es ist doch viel schöner, wenn das tägliche Training ein Ziel hat. Mehr noch als andere Menschen sollten daher Reiter begreifen, dass der Weg das Ziel ist. Das Ziel des Lebens ist ja auch nicht der Tod, auch wenn Freud, Seneca und andere das schon mal behauptet haben, sondern zu leben.

Von Pferden können wir lernen, uns wieder mehr Zeit zu neh-men, nicht zu hetzen, mehr im Augenblick zu leben und ihn zu genießen, anstatt auf einen Punkt in der Zukunft hinzustreben, an dem wir mit irgendetwas fertig sind. Mit allem fertig sein kann man doch sowieso erst, wenn man stirbt. Ähnlich verhält sich Fast Food zu Slow Food, das es uns ermöglicht, Essen wie-der in Ruhe zu genießen, anstatt es möglichst schnell hinter uns zu bringen, weil die Mittagspause sonst den Arbeitgeber zu viel kostet. Leider fehlt in der Reiterwelt noch eine Art Slow-Riding-Kultur.

Je nach Rasse kann man anfangen, mit dem
dreieinhalb- bis viereinhalbjährigen Pferd zu arbeiten.
Wer nicht warten kann, sollte sich ein Mountainbike kaufen.
BENT BRANDERUP, »AKADEMISCHE REITKUNST«

Weil Reiten eine Wissenschaft ist

Manche Reiter sehen im Reiten nur eine Sportart und im Pferd entweder ein Sportgerät oder einen Sportler wie sie selbst. Bei ihnen stehen körperliche Fitness von Pferd und Reiter im Vordergrund. Was für sie zählt, ist, auf Turnieren gute Leistungen zu erbringen.

Andere Reiter sehen Reiten eher als eine Form der Kunst an. Handwerkliches Geschick und Übung empfinden sie als Notwendigkeit, aber ihr Ziel ist es, ein Kunstwerk zu schaffen – Reiter und Pferd in Formvollendung. Wenn sie reiten, soll etwas Schönes dabei herauskommen, etwas, das über das Normale, Gewöhnliche und vor allem das Zweckmäßige hinausgeht, etwas, das keine Funktion haben muss. Die Grundlage der Reitkunst ist natürlich immer, Körper und Psyche des Pferdes so auszubilden, dass es einen Reiter auf seinem Rücken tragen kann, ohne Schaden zu nehmen.

Ursprünglich war das Wort Kunst in seiner Bedeutung verwandt mit Wissen, und Reiten ist in vieler Hinsicht eine Wissenschaft. Es wurden und werden unzählige Bücher darüber verfasst, wie man ein Pferd am besten reitet oder auch nur mit ihm umgeht, und längst nicht alle Autoren sind sich in den Methoden einig.

Die ältesten bekannten Reitlehren stammen aus vorchristlicher Zeit, und wie in vielen Wissenschaften, vor allem den nichtnaturwissenschaftlichen, hat, was alt ist, ein höheres Ansehen als das Neue. Alt wird oft mit richtig gleichgesetzt, nach dem Motto: So muss es richtig sein, weil es schon immer so gemacht wurde. Menschen neigen dazu, alles zu achten, was die Zeit überstanden hat und überliefert wurde, als ob es sich's verdient hätte zu überleben. Sie vergessen, dass oft der Zufall eine viel größere Rolle dabei spielt, was die Nachwelt erreicht und was nicht.

Reiter tendieren ebenfalls dazu, an Traditionen festzuhalten, an sinnvollen wie an sinnlosen. Gleichzeitig gab es jedoch in den letzten Jahrzehnten geradezu eine Flut an Reitweisen und -lehren, die sich als neu bezeichnen oder sich zumindest einen Namen geben, den es vorher noch nicht gab – vom Join Up über Rai-Reiten bis hin zur Dualaktivierung. Dabei geht es heute oft sehr wissenschaftlich zu. Mit hochtechnischen Methoden wird zum Beispiel gemessen, wie viel Gewicht auf den Füßen, dem Rücken oder dem Maul des Pferdes tatsächlich lastet. Andere Wissenschaften wie Anatomie oder Biomechanik werden unterstützend hinzugezogen. Das Einzige, was im Reiten bisher äußerst selten hinterfragt wurde, ist, ob man Pferde überhaupt unbedingt reiten sollte.

Theorie ist das Wissen, die Praxis das Können.
Immer aber soll das Wissen dem Handeln vorausgehen.
ALOIS PODHASKY, LEITER DER SPANISCHEN HOFREITSCHULE
UND OLYMPIASIEGER

Weil sogar Reitböden eine Wissenschaft sind

So wie Jogger auf ihre Schuhe achten und am liebsten auf federnden Waldböden laufen, um ihre Sehnen, Gelenke und Bänder zu schonen, legen Reiter sehr viel Wert auf den Boden ihrer Halle oder ihres Reitplatzes. Welcher Reitboden für welchen Verwendungszweck – Dressur, Springen, Western-, Barock- oder Gangpferdereiten – geeignet ist, ist inzwischen zu einer Wissenschaft avanciert.

An der Fachhochschule Osnabrück und an der Uni in Kiel schreiben Studenten Doktorarbeiten zum Thema. Eigentlich ist das kein Wunder, wenn man bedenkt, dass Lahmheiten, also Verletzungen an den Beinen, zu den häufigsten Erkrankungen bei Pferden gehören. Für ein Pferd, das nicht mehr laufen kann, ist das Leben vorbei.

Doch leider sind Pferdebeine überaus empfindlich. Ab dem Karpalgelenk – die Stelle an den Vorderbeinen, die so aussieht, als wäre es das Knie – haben Pferde in der unteren Hälfte ihrer Vorderbeine nämlich keine Muskeln mehr. Das heißt, dieser Abschnitt ist kaum durchblutet und heilt deshalb nur schlecht. Dazu kommt, dass Pferde ihre Fesselgelenke nur wie ein Scharnier vor und zurück, aber nicht seitwärts bewegen können. Seitliche Belastungen durch Unebenheiten im Boden oder Kurven auf harten Böden verkraften sie nur schwer.

Ein perfekter Reitboden muss dem Pferd eine gute Trittsicherheit bieten, sodass es nicht wegrutscht; er sorgt dafür, dass es weder zu tief noch zu wenig einsinkt. Ersteres geht auf die Sehnen, Letzteres auf die Gelenke. Von den Wünschen des Pferdes abgesehen, muss der Boden aber auch für den Stallbetreiber bezahlbar bleiben. Deswegen sollte er möglichst lange halten und jedes Wetter unbeschadet überstehen. Der Stoff, aus dem Reitböden sind – und hier sind inzwischen alle möglichen Materialien im

Einsatz, auch wenn die meisten davon immer noch versuchen, auszusehen wie Sand –, darf die Umwelt und das Grundwasser nicht belasten.

Besonders schwierig wird es für den Stallbesitzer, wenn er Anhänger mehrerer Reitweisen beherbergt. Dressurreiter brauchen einen Boden, der sich für Seitwärtsgänge und Pirouetten eignet. Springreiter brauchen für Wettkämpfe einen harten Boden, auf dem sie schnell reiten können. Zum Tölten darf der Boden nicht zu tief sein, und Westernreiter wollen rutschen. Wissenschaft und Alltag sind beim Thema Reitboden genauso weit voneinander entfernt wie in den meisten anderen Bereichen der Reiterei. Denn schließlich ist sich die Masse der Reiter immer noch darin einig, dass Reiten in der freien Natur die Krönung ist. Auch für Pferdebeine ist Abwechslung gut, und eine solche Vielfalt, wie sie in der Natur vorhanden ist, kann kein künstlicher Boden bieten. Auch Jogger gehen lieber in den Wald als aufs Laufband oder die Aschenbahn.

Der Tritt eines ruhigen Pferdes ist am stärksten.
SPRICHWORT

Weil Pferdefachsprache nur Insider verstehen

Wenn zwei Pferdeliebhaber sich unterhalten, hört sich das für Außenstehende genauso unverständlich an, wie wenn zwei Computerfreaks miteinander reden. Nur dass es sich in der Reitersprache in der Regel um Wörter handelt, die auch im normalen Sprachgebrauch alltäglich sind, die jedoch im Zusammenhang mit Pferden eine vollkommen andere Bedeutung annehmen, ohne dass sich diese logisch erschließen lässt. Ausreiten ist zum Beispiel nicht das Gegenteil von Einreiten – oder von Anreiten. Gebiss hat nichts mit Zähnen zu tun, eine Wassertrense nicht viel mit Wasser und ein Olivenkopfgebiss nichts mit Oliven. Anlehnung hat nichts mit Anlehnen oder Ablehnen zu tun, und Pferde, von denen ihre Reiter sagen, dass sie auseinandergefallen sind, sind trotzdem noch körperlich vollkommen unversehrt, und welche, die unter- oder übertreten, schlagen auch nicht aus. Paraden beim Reiten beinhalten weder Blechmusik noch Aufmärsche.

Viele Nichtreiter fragen sich auch, warum jemand Interesse daran haben sollte, in einer Verlosung einen Freisprung zu gewinnen. Wer auf dem falschen Fuß trabt, ist nicht notwendigerweise morgens mit dem falschen Fuß aufgestanden, und Stechtrab hat nichts mit Stechen zu tun. Satteldecken werden nicht über den Sattel, sondern unter ihn gelegt.

Wodurch sich Pferdeleute von Computerfreaks unterscheiden, ist jedoch, dass sich ein Microsoft-, ein Apple- und ein Linux-Fan noch untereinander verstehen, die Anhänger unterschiedlicher Reitweisen jedoch nicht. Das fängt schon bei der Ausrüstung an. Westernreiter zum Beispiel benutzen für fast alle Teile von Sattel und Trense die englischen – oder besser gesagt, amerikanischen – Ausdrücke anstatt der deutschen. Sie sprechen von fork, cantle, fender, rigging, pad, bits und reins. Beim Reiten unterhalten sie sich über walk und lope, über spins, stops, speed control, rollbacks, bei den Pferdefarben reden sie von sorrels, chestnuts, bays, duns und buckskins. Die Islandpferdereiter unterhalten sich animiert über Fuß- und Phasenfolgen, Schweinepasser und Pferde, die rechts oder links rollen. Wer Geheimsprachen liebt und sich gerne als Insider fühlt, ist in der Pferdeszene genau am richtigen Ort.

Das Pferd stirbt,
aber der Sattel bleibt.
SPRICHWORT

Weil Verkleiden Spaß macht

Jede Sportart hat ihren eigenen Dresscode. Das ist beim Reiten nicht anders. Was ein Reiter auf einem Turnier zu tragen hat, ist in der Prüfungsordnung vorgeschrieben. Als Jugendlicher auf jeden Fall immer einen Helm, egal in welcher Disziplin oder Reitweise; als Dressurreiter Zylinder, weiße Hose und schwarze Stiefel; als Springreiter darf das Jackett auch mal rot sein, und Westernreiter tragen Chaps, Cowboyhut und Hemd.

Doch auch abseits der Turnierplätze, im Alltag, sind die Kleidervorschriften kaum weniger streng, auch wenn es sich um ungeschriebene Gesetze handelt. In vielen Ställen geht es fast so zu wie in Schulen, und das nicht nur unter Jugendlichen: Wer nicht die richtige Marke trägt, gehört nicht dazu. Das gilt nicht nur für die Kleidung des Reiters, sondern genauso für die Ausrüstung des Pferdes. Welche Kleidungsstücke akzeptiert werden und welche nicht, unterscheidet sich auch stark von Reitweise zu Reitweise.

Es gibt zum Beispiel ziemlich viele Großpferdereiter, vor allem Männer, die das Westernreiten dem Englischreiten hauptsächlich wegen der Reithosen vorziehen. Denn im Westernsattel werden sie nicht als Anfänger oder Nichtkönner abgestempelt, wenn sie in Jeans reiten. In Turnschuhen dürfen sie allerdings nicht auftauchen. Stattdessen sind Cowboystiefel angesagt, genauso wie in manchen klassischen Reitställen nur Lederstiefelträger ernst genommen werden und Gummistiefel gar nicht gehen. Dabei sind Letztere manchmal durchaus zweckmäßiger, zum Beispiel wenn es geregnet hat und die Pferde auf der Koppel stehen oder die Wege matschig sind.

Besonders umstritten in der Reiterwelt ist jedoch die Kopfbedeckung. Obwohl es in letzter Zeit viele Werbekampagnen gab, um mehr Reiter davon zu überzeugen, auch im Alltag beim

Reiten einen Helm aufzusetzen, gibt es nach wie vor etliche Reiter, Profis wie Amateure, die keinen Helm tragen, und zwar aus Überzeugung. Bis vor ein paar Jahren hätte es auch nicht viel Sinn gehabt. Denn die schwarzen Samtkappen, mit denen bis vor Kurzem noch die Mehrheit der Reiter unterwegs war, boten keinen nennenswerten Schutz. Auch nicht mit Kinnschutz, der sich eher als zusätzliche Gefahr für einen stürzenden Reiter herausstellte.

Eigentlich hat es ziemlich lange gedauert, bis die Hersteller von Reitsportzubehör die Marktlücke entdeckten. Und selbst einige Jahre nach Erfindung der ersten Reithelme, die nicht nur sicher, sondern auch bequem sein und gut aussehen sollten, schnitten ganz durchschnittliche Fahrradhelme aus dem Supermarkt in Tests immer noch besser ab als jeder Reiterhelm. Heute gibt es alle möglichen Modelle auf dem Markt, einschließlich solcher, die zwar so aussehen wie die traditionellen Samtkappen, aber dieselbe Sicherheit bieten sollen wie Motorradhelme. Es gibt welche mit eingebauter Klimaanlage und Hersteller, die ihren Kunden versichern, dass Fahrradhelme einem Reiter auf keinen Fall den nötigen Schutz böten, weil schließlich jede Sportart ihre eigenen Anforderungen mit sich brächte.

An der Überzeugung der Mit- und Ohne-Helm-Reiter haben all die Werbekampagnen und Marktneuheiten nur wenig geändert. Solange für Reiter, Rad- und Skifahrer die Helmpflicht nicht gesetzlich vorgeschrieben ist, wird sich daran wahrscheinlich auch in Zukunft nur wenig ändern. Klar kann man argumentieren, dass niemand auf die Idee kommen würde, ohne Helm Motorrad zu fahren. Doch in den USA ist selbst das keine Pflicht.

Auch ein dreckiges Pferd findet seinen Stall.
Sprichwort

KAPITEL 7

Das Pferd in der Fantasie

Er sucht sein Pferd und sitzt drauf.
SPRICHWORT

Weil Pferde die Menschen schon immer inspiriert haben

Das Pferd spielt schon in den ältesten kulturellen Zeugnissen der Menschheit, den Höhlenmalereien, eine große Rolle. Arnold Hauser, Autor der *Sozialgeschichte der Kunst und Literatur*, ist der Meinung, dass die Höhlenmaler der älteren Steinzeit glaubten, Macht über das Tier zu gewinnen, das sie malten. Dass sie ein Tier gleichzeitig in der Realität töten konnten, indem sie seine Tötung bildlich darstellten. Für sie gab es noch keine Trennung zwischen Kunst und Wirklichkeit.

Auch die Griechen erklärten sich die Welt mit erdachten Gestalten. Ihre Fantasie verlieh Pferden Flügel, und Pferde beflügelten ihre Fantasie, in ihrer Mythologie wimmelt es nur so von Pferdewesen. Höhenflüge dichterischer Inspiration erklärten sie sich mit einem Ritt auf Pegasos. Dieser brachte außerdem Blitz und Donner zu Zeus und half den Göttern ganz allgemein. Durch einen Schlag mit einem seiner Hufe schuf er auf Befehl von Zeus den Helikon, einen Quell im Gebirge, aus dem Dichter trinken. Später wurde er in ein Sternbild verwandelt. Zudem soll Pegasos Bellerophon, der ursprünglich Hipponoos (wörtlich: Pferdeversteher) hieß, geholfen haben, die Chimäre, ein dreiköpfiges Ungeheuer, zu töten, indem er ihm ermöglichte, sie aus der Luft anzugreifen.

Die Griechen erklärten sich sogar den Sonnenaufgang und den Sonnenuntergang damit, dass Pferde den Wagen des Helios über den Himmel zogen. Die Wüstenstriche der Erde sollen dadurch entstanden sein, dass Phaethon, der Sohn ebenjenes Sonnengottes, eines Tages den Wagen selbst fuhr, die Kontrolle über die Pferde verlor und dem Boden in manchen Gegenden zu nahe kam.

Auch in der isländischen Mythologie ziehen zwei Pferde den Sonnenwagen, und ihre töltenden Ponys brachten die Inselbewohner außerdem auf die Idee, ihrem Gott Odin ein achtbeiniges Pferd anzudichten. Von Pegasos und Sleipnir bis heute ist das Pferd nie aus der Fantasie der Menschen verschwunden. In Film und Fernsehen ist es genauso präsent wie in Malerei und Literatur. Sehen wir uns einige Gründe an, warum dem so ist.

Wenn Wünsche Pferde wären,
könnten Träumer reiten.
<small>SPRICHWORT</small>

Weil Pferde Natur zum Anfassen sind

Die Mehrheit der Menschen lebt heute in Städten. Der Natur begegnen sie nur in Form von Parks oder Bäumen am Straßenrand. Falls man bei vereinzelten, künstlich zugeschnittenen Pflanzen inmitten von Beton überhaupt von Natur sprechen kann. Die einzigen Tiere, die in Städten sichtbar sind, sind Vögel, Hunde und Katzen. Obwohl sich Menschen fast automatisch in Städten ballen und das auch immer schon getan haben, fühlen sie sich instinktiv doch irgendwie zur Natur hingezogen: Am Wochenende und in den Ferien suchen alle die Freiheit, und wenn sie können, fahren sie aufs Land, in die Berge oder ans Meer.

Der Wissenschaftler Edward O. Wilson hat 1984 die so genannte Biophilie-Hypothese aufgestellt. Sie besagt, dass Menschen ein bestimmtes Maß an Kontakt mit der Natur brauchen, um gesund zu bleiben und einen Sinn in ihrem Leben zu sehen. Wenn Menschen auf Dauer in einem Umfeld leben müssen, in dem sie nicht mit der Natur in Berührung kommen, werden sie krank – körperlich und seelisch.

Das Pferd ist nicht nur ein Stück Natur zum Anfassen, das Menschen hilft, gesund zu bleiben, auch wenn sie nur eines im Reitstall in der Stadt zu Gesicht bekommen. Pferde symbolisieren darüber hinaus die Natur, die zunehmend aus dem Leben der Menschen verschwindet.

Die amerikanische Wissenschaftlerin Jane Tompkins hat festgestellt, dass Pferde seit ungefähr 1900 verstärkt in Literatur und Film auftreten, und zwar im gleichen Maß, in dem sie aus unserem wirklichen Leben verschwunden sind. Dabei stehen sie nicht nur für die Natur an sich, sondern auch für ein natürliches Leben – ein unverfälschtes, einfaches Leben, eines, in dem alles so ist, wie es scheint. Denn Pferde sind auch in dem Sinne natürlich, dass sie sich nicht verstellen. Sie sind sozusagen, wie sie sind, ihrer Natur entsprechend, gegen die sie gar nicht handeln können.

Selbst wenn sie in einem künstlichen Umfeld geboren werden und aufwachsen, bleiben Pferde natürliche Wesen. Dazu kommt, dass nicht nur Menschen, sondern auch Pferde krank werden, wenn sie nicht in ausreichendem Maß Kontakt mit der Natur haben. Pferde brauchen Gras, frische Luft und Licht – kurz, einen natürlichen Lebensraum, man kann sie nicht in Betonwüsten halten. Pferde bringen Menschen also automatisch ins Freie, an die frische Luft, nach draußen. Gleichzeitig tragen sie indirekt dazu bei, dass Menschen natürliche Lebensräume schützen, weil sie sonst ihren Pferden keinen adäquaten Lebensraum mehr bieten könnten. Pferde bedeuten Natur- und Menschenschutz in einem.

Auch wenn ein Fohlen
im Schweinestall geboren ist,
wird es kein Schwein.
SPRICHWORT

Weil Mädchen ohne Pferdebücher nur halb so viel lesen würden

Pferde gehen immer, sagen die Lektoren der Buchverlage. Vor allem natürlich bei Kinder- und Jugendbüchern. Oder vielmehr in Mädchenbüchern, die auf dem Buchrücken mit der Kategorie Mädchen/Pferde gekennzeichnet sind, sodass Eltern und andere Verwandte nur zielsicher ins Regal zu greifen brauchen. Bücher, zu denen Jungs greifen, also *TKKG* oder *Die Drei Fragezeichen*, sind dagegen auf dem Buchrücken geschlechtsneutral markiert, etwa mit der Aufschrift Abenteuer.

Es ist daher nicht weiter verwunderlich, dass Jungs sich nie in Mädchen-Pferdebücher verirren. Vielleicht ist auch das ein Grund, warum die männlichen Nachwuchsreiter fehlen. Vielleicht sollte die FN hier ansetzen und ein paar Autoren beauftragen, Bücher zu schreiben, die sich in die Kategorie Jungs/Pferde einordnen lassen? Dabei geht es in den Mädchen-Pferdebüchern eigentlich tatsächlich mehr um Pferde als um Mädchen. Jungs kommen darin zwar auch vor, sie enden meistens in einer Beziehung mit den weiblichen Protagonisten, doch das geschieht alles ohne Probleme, ohne Beziehungsstress und absolut sexfrei.

Zumindest in den Mädchen-Pferdebüchern meiner Generation wie *Bille und Zottel*, *Britta und die Pferde* oder *Reiterhof Dreililien*. Das sind Serien, die sich über so viele Jahre hinweg fortsetzen, dass die Zielgruppe meistens aus dem entsprechenden Lesealter herauswächst, bevor sie alle Bände lesen kann.

Was ist es, das Millionen von Mädchen an diesen Pferdebuchserien fasziniert? Wahrscheinlich gibt es auf diese Frage eine einfache Antwort. Es geht darin meistens um Mädchen, die sich nichts mehr wünschen als ein eigenes Pferd und dann irgendwie auch eines bekommen. Meistens überwinden sie dabei viele Widerstände, in den meisten Fällen Eltern, die strikt dagegen sind.

Oder sie kommen zum Pferd, weil sie einem helfen müssen und das Tier verloren wäre, wenn sie sich nicht darum kümmern.

Natürlich wünschen sich die meisten Mädchen auch in der Wirklichkeit – und nicht nur in Büchern – nichts sehnlicher als ein eigenes Pferd. In der Literatur werden also ihre Träume wahr, die sich in der Realität nicht erfüllen; im Geiste können sie Zeit mit Pferden verbringen, auch wenn sie im echten Leben nie einen Stall von innen zu sehen bekommen. Sie versetzen sich in die Protagonistinnen und spinnen nicht selten ihre eigenen Geschichten aus den literarischen Vorlagen. Diese Bücher regen zum Tagträumen an – schließlich träumt auch Bille am Anfang von *Bille und Zottel*, dass sie reitet, während sie in Wirklichkeit Fahrrad fährt, und stößt prompt mit dem Springreiter zusammen, den sie verehrt.

Neben diesen Serien gibt es vereinzelt auch andere Mädchen-Pferdebücher, die meistens nicht mehr als drei Fortsetzungen haben. Sie verfolgen oft einen erzieherischen Auftrag und wollen ihren jungen Lesern eine Botschaft vermitteln und ihnen zeigen, dass es in der Wirklichkeit nicht so rosig zugeht wie in den Pferdebuchserien. Sie verweisen auch auf die Schattenseiten der Reiterei, es geht um misshandelte und gequälte Pferde und manchmal darum, dass der Spaß ziemlich teuer ist. Natürlich werden auch die Protagonistinnen in den Wunschtraumserien gelegentlich mit solchen und anderen Problemen konfrontiert, aber am Ende geht es immer gut aus.

Auch wenn die Mädchen mit zunehmendem Alter auf ganz natürliche Weise aus den Pferdejugendbüchern herauswachsen, bleiben sie doch weiterhin Leser, oder vielmehr Leserinnen, einfach weil sie die Erfahrung gemacht haben, dass Lesen Spaß macht. Pferde leisten somit einen wichtigen Beitrag für das Lesevergnügen und zum Erhalt der Kultur.

Auf kleinen Pferden kann man auch reiten.
Sprichwort

Weil es ohne Pferde
keine Zentauren geben könnte

Zentauren sind Mischwesen aus Mensch und Pferd. Sie haben einen Pferdeleib mit vier Beinen, aus dem an der Stelle des Pferdehalses jedoch ein menschlicher Oberkörper mit zwei Armen und Händen und einem menschlichen Kopf erwächst. Mit dieser Form versinnbildlichen sie einerseits den Wunsch des Menschen, mit dem Pferd zu verschmelzen, sich seine Kraft und Schnelligkeit anzueignen, indem Pferd und Reiter eins werden, nur noch einen Willen haben und das Pferd genau das tut, was der Reiter will. Zentauren beweisen, dass der Mensch diesen Wunsch schon sehr früh gehegt haben muss.

Andererseits verkörpern Zentauren in ihrer Gestalt die animalische, lüsterne, triebhafte Seite des Menschen. Pferd und Reiter stehen ziemlich oft für Triebe oder Urgewalten des Menschen und seine Fähigkeit, diese unter Kontrolle zu halten. Auch Freud interpretiert in seiner Traumdeutung einen Reiter als Hinweis darauf, dass der Mensch sein Triebleben im Griff hat – oder eben nicht, wenn der Traumritt nicht harmonisch abläuft, sondern das Pferd die Kontrolle an sich reißt, den Menschen abwirft oder auf andere Art und Weise gefährlich wird.

In der griechischen Mythologie sind die Zentauren die Gegenspieler der Lapithen, eines sagenhaften Volkes, das sich vor allem durch vornehmes Wesen und edle Gesinnung auszeichnet. Als der Lapithenkönig Peirithoos heiratet, will sich Eurytion, einer der Zentauren unter den Hochzeitsgästen, an seiner Braut Hippodameia vergreifen (übrigens bedeutet ihr Name: die Rossebändigende). Den Kampf, der daraufhin zwischen Zentauren und Lapithen entbrennt, gewinnen die Lapithen. Die Griechen vertraten demnach die Auffassung, dass die intellektuelle Seite des Menschen die Oberhand über seine animalische behalten würde. Die Entstehung der Zentauren schrieben sie ebenfalls der Lust zu: Sie sollen von einer Wolke abstammen. Zeus riet seiner Frau Hera, sich in eine Wolke zu verwandeln, als sie von Ixion belästigt wurde. Daraufhin stach Ixion in die Wolke und zeugte so die Zentauren.

Es gibt allerdings in der griechischen Mythologie auch weibliche Zentauren, zum Beispiel Hylonome, die Ehefrau von Kyllaros, ebenfalls ein Zentaur. Auch diese beiden sollen von Ixion und Nephele, so der Name der Wolke, abstammen, müssen demnach also im Inzest gelebt haben. Jedenfalls kämpft Hylonome an der Seite ihres Zentaurenmannes. Als ein Pfeil ihn tödlich verwundet, tötet sie sich anschließend mit demselben Pfeil.

Ein Zentaur, der eher aus der Rolle fällt, ist Cheiron, der zugleich der bekannteste unter ihnen ist. Vielleicht liegt das daran, dass er nicht von Zentauren abstammte. Kronos, sein Vater, der außerdem Zeus' Halbbruder war, verwandelte sich lediglich vorübergehend in ein Pferd, um seinen Sohn zu zeugen. Cheirons Mutter Philyra soll so enttäuscht über die pferdische Gestalt ihres Sohnes gewesen sein, dass sie Zeus bat, sich in eine Linde verwandeln zu dürfen.

Cheiron gehörte zu den Unsterblichen, er war weise und Lehrer einiger berühmter griechischer Helden wie Achilles, Jason und Asklepios, dem er die Arzneikunde beigebracht haben soll. Später wird Cheiron von Herakles, der eigentlich sein Freund war, mit einem vergifteten Pfeil beschossen, woraufhin er Zeus bittet, sterben zu dürfen. Durch seinen Tod befreite er Prometheus, den Zeus an einen Felsen hatte ketten lassen, weil er den Menschen das Feuer gebracht hatte. Prometheus sollte erst wieder frei kommen, wenn ein Unsterblicher sein Leben für ihn lässt. Anschließend verewigte Zeus Cheiron als Sternbild am Himmel.

Herakles wiederum kam später durch einen Zentauren zu Tode. Dieser hieß Nessos. Er bot Herakles an, dessen Frau auf seinem Rücken über einen Fluss zu tragen, entführte sie dann aber, anstatt sie am anderen Ufer abzusetzen. Herakles tötete den Zentaur mit einem seiner Giftpfeile, doch bevor Nessos starb, gab er Herakles' Frau den Rat, ihrem Mann sein Blut zu trinken zu geben, falls sie einmal befürchten sollte, dass Herakles sie nicht mehr liebt. Natürlich dachte sie nicht daran, dass Nessos' Blut ja von dem Pfeil vergiftet war, als sie Herakles später tatsächlich ein Hemd anzog, das sie mit dem Blut des sterbenden Nessos getränkt hatte.

Man kann wohl sagen, dass die Griechen eine lebhafte Fantasie hatten – von Pferden beflügelt.

Lass nicht die Beine hängen,
ehe du auf dem Pferd sitzt.
SPRICHWORT

Weil es ohne Pferde keine Einhörner geben würde

Ein Einhorn gleicht einem Pferd, nur trägt es ein Horn auf der Stirn. Manchmal wird es auch mit einem Löwenschwanz oder gespaltenen Hufen dargestellt. Einige Forscher vermuten deshalb, dass die Idee des Einhorns nicht auf Pferde, sondern auf Hirsche, Rehe, Antilopen oder Rinder zurückzuführen ist. Bei diesen Tieren kommt es ja in der Natur tatsächlich ab und zu vor, dass sie nur ein Horn haben, entweder aufgrund eines Gendefekts oder einer Verletzung. Oder dadurch, dass Menschen ihnen als Jungtiere die Hörner so aneinandergebunden haben, dass sie zusammenwuchsen.

Andere Forscher nehmen an, dass Einhörner gewöhnliche Nashörner waren, deren eigentliche Gestalt durch die Überlieferung in Vergessenheit geriet, weil sie vor der Globalisierung nur wenige Reisende zu Gesicht bekamen. Diesen fiel anscheinend nichts Passenderes ein als Pferde, mit denen sie die Einhörner vergleichen konnten. Auch der Reisende Marco Polo will auf Sumatra ein Einhorn gesehen haben, das wohl in Wirklichkeit ein Nashorn war.

Die Griechen haben natürlich wieder ihre eigene Einhorngeschichte. Bei ihnen ist es aus einer Ziege entstanden, die Zeus gesäugt hat. Er schlug ihr ein Horn ab, das ihm als Füllhorn – vielleicht zum Transport der Wegzehrung – dienen sollte. Anschließend verwandelte er die Ziege in ein Pferd, um sie zu veredeln, vermutlich als Dank für ihre Mutterdienste. Deswegen findet man auch Darstellungen von Einhörnern mit den Barthaaren einer Ziege.

Einhörner kommen auch in der *Edda* und in der *Bibel* in verschiedenen Rollen vor. In allen diesen Geschichten geht es um das Horn als wichtigsten Teil an diesen Fabelwesen. Mit ihm kämpfen sie gegen ihre Feinde, heilen Freunde und beleben manchmal sogar Tote wieder. Auch die Tränen des Einhorns haben besondere Kräfte: Sie lösen Versteinerungen. Und wie seit *Harry Potter* jeder weiß, macht Einhornblut den, der es trinkt, unsterblich, sorgt jedoch auch dafür, dass er von da an ein unglückliches und verfluchtes Leben führt. Harry hätte sich also eigentlich gar keine Sorgen darüber machen müssen, wie der Showdown zwischen ihm und Voldemort ausgeht.

Einhörner sind in der Regel weiß und leben im Wald. Solange sie diesen nicht verlassen, sind sie unsterblich. In diesen Wäldern herrscht Dauerfrühling, denn Einhörner bringen Fruchtbarkeit.

Einhörner sind so selten, weil nur solche Menschen sie erkennen können, die gut und rein sind, zum Beispiel Jungfrauen. Für alle anderen bleibt das Horn unsichtbar, sie erblicken nur gewöhnliche Pferde. Manche Jäger benutzten deswegen Jungfrauen, um Einhörner anzulocken. Natürlich wird das Einhorn genauso gejagt wie Nashörner und Elefanten – wegen der Heilkräfte, die man dem Horn zuschreibt.

Heute beschäftigt das Einhorn mehr Künstler als Jäger. Rainer Maria Rilke, der es mehrfach in seinen Werken besungen hat, behauptet von ihm, dass es existiert, nur weil Menschen an die Möglichkeit seiner Existenz glauben. Und weil sie es lieben. Klar. Einhörner haben ja auch am meisten mit Pferden gemeinsam.

... wenn es Durst hat
leckt es die Tränen
von den Träumen.
HILDE DOMIN ÜBER DAS EINHORN

Weil Western ohne Pferde langweilig wären

In der englischen Sprache lautet ein alternativer Begriff für Western *horse operas*. Meistens ist mit diesem Namen eine liebevoll-spöttische oder herablassende Absicht verbunden. Man könnte die Bezeichnung Pferdeoper so verstehen, dass Handlung und Schauspieler nur Nebensache sind und stattdessen Pferde im Mittelpunkt stehen – so wie es sich mit der Musik in einer Oper verhält. Das würde heißen, dass man sich einen Western nur wegen der Pferde ansieht, genauso wie man ja meistens nur wegen der Musik in die Oper geht. Die Pferde in einem Western spielten dann praktisch dieselbe Rolle wie Musik in einer Oper.

Dabei stellt sich natürlich die Frage, wozu Opern eigentlich gut sind. Mit anderen Worten: Warum entscheidet man sich nicht zwischen Theater und Konzert? Die Antwort von Opernkennern lautet: da sich in der Oper Musik, Schauspiel, Bühnenbild, Tanz, Beleuchtung, Text und Kostüme zu einem Gesamtkunstwerk verbinden. Die Musik soll dabei Träger der Handlung, der Stimmung und der Gefühle sein.

Die Pferde in einem Western sind zumindest mal Träger der Handelnden, inklusive ihrer Stimmungen und ihrer Gefühle. Und wenn schon die Protagonisten und die Handlung schlecht sind, sorgen wenigstens die Pferde dafür, dass das Ganze schön anzuschauen ist.

Aber Spaß beiseite. Leute, die sich mit Western auskennen, haben auch ein paar Theorien dazu parat, welche Rolle Pferde tatsächlich in diesen Filmen spielen. In den allermeisten Western werden sie nämlich bewusst und absichtlich zu einer Nebensache degradiert. Das heißt, dass ihnen niemand Beachtung schenkt: Sie werden vor Saloons geparkt, werden hart angefasst, geschlagen und erschossen. Wenn die Schauspieler jemanden verfolgen oder verfolgt werden, hetzen sie ihre Tiere schonungslos durch die Gegend. Sie lassen die Pferde mit wenig Futter über weite Strecken laufen.

Westernhelden, die ihre Pferde liebkosen, mit ihnen schmusen oder sie putzen und füttern, sind eher die Ausnahme. Das tun allenfalls Frauen und Kinder. Ein Mann, der mit seinem Pferd schmust, wäre kein typischer Westernheld, er würde sich unglaubwürdig machen. Denn traditionell haben Westernhelden hart zu sein. Sie behandeln ihre Pferde genauso schonungslos wie sich selber. Der raue Umgangston gegenüber ihren Pferden steht dafür, dass ein Westernheld auf jede Sentimentalität, auf körperliche Annehmlichkeiten wie Essen oder Schlaf, auf Sinnlichkeit, Gefühle und Körperkontakt verzichtet. Er kommt ohne sie aus.

Das ist auch der Grund, warum er seine Feinde besiegt. Er ist härter als sie, hält mehr aus und ist dadurch in gewisser Weise un- beziehungsweise übermenschlich. Er verschont niemanden, sich selbst nicht, sein Pferd nicht, seine Freunde nicht; und dadurch erwirbt er sich das Recht, auch seine Feinde nicht zu verschonen.

Die Art und Weise, wie Pferde in Western behandelt werden, steht also für einen Sieg des Menschen über seine Triebe, Gefühle und Bedürfnisse, sozusagen für erfolgreiche Askese. Das Setting, die Landschaft – trocken, karg, rau –, spricht dieselbe Sprache: Sie vergibt niemandem, nur die Härtesten überleben. Aus demselben Grund kommen in Western auch so oft wilde oder freie Pferde vor, die – oft auf eher brutale Art – gezähmt, gebändigt und unterworfen werden. Und auch diese stehen für die Freiheit, Unabhängigkeit und Ungebundenheit des Westernhelden, der sich schließlich die meiste Zeit auf ihrem Rücken aufhält.

Das ist auch in wörtlichem Sinne zu verstehen, denn Pferde verhelfen den Menschen in diesen Filmen ganz banal dadurch zur Freiheit, dass sie ihnen räumliche Mobilität verleihen. Zu Fuß käme im Western niemand sonderlich weit. Außerdem verleiht ein Pferd seinem Reiter eine überlegene Position. Jemand, der sich zu Pferd durch die wilde Landschaft des Westens fortbewegt, symbolisiert immer auch die erfolgreiche Eroberung des amerikanischen Kontinents. Wird das verfilmt und vertont, also mit der passenden Musik untermalt, dann bezeichnet ein Regisseur seinen Western gerne auch als Gesamtkunstwerk.

Ein Western für Erwachsene ist ein Film,
in dem der Held klüger ist als sein Pferd.
JIM LAKER

Weil Filmpferde die besseren Schauspieler sind

Von Natur aus spielen Pferde keinem etwas vor. Das können sie gar nicht. Trotzdem sind sie für jeden Film eine Bereicherung. Tiertrainer sagen, dass die häufigste Aufgabe von Pferden, oder Tieren ganz allgemein, in Filmen darin besteht, von A nach B zu gehen, also frei, ohne Leine und Halsband, ohne Halfter, Führstrick oder Reiter einen bestimmten Weg von einem Punkt zu einem anderen zurückzulegen, und das natürlich in der entsprechenden Geschwindigkeit. Falls nötig, sollte man sie auch dazu bringen können, punktgenau irgendwo anzuhalten und eine bestimmte Zeit an dieser Stelle stehen zu bleiben.

Was im Film unspektakulär erscheint, ist oft viel schwieriger, als einem Pferd beizubringen, vor der Kamera zu steigen, ein Gatter mit dem Maul zu öffnen, zu scharren oder einen Gegenstand vom Boden aufzuheben und irgendwohin zu tragen.

Bei all diesen Manövern hilft Futter. Erdnussbutter hat auch Mister Ed zum Sprechen gebracht. Darüber, ob man beim Training Leckerlis einsetzen sollte oder nicht, wird in der Reiterwelt jedoch heiß diskutiert. Futter ist ohne Zweifel eine Belohnung, die Pferde garantiert verstehen – im Gegensatz zum weit verbreiteten Halsklopfen, das im Repertoire natürlicher Gesten von Pferden untereinander gar nicht vorkommt. Andererseits passiert es schnell, dass man Pferde durch häufige Leckerligaben ungewollt zum Betteln erzieht.

Doch zurück zu den Schauspielern: Gerade weil Pferde nicht die Gabe zum Verstellen haben, sind sie die besseren Schauspieler. Egal, was sie vor der Kamera tun, es wirkt immer absolut authentisch und überzeugend. Darüber hinaus sind sie anspruchsloser als ihre menschlichen Kollegen, was Unterbringung, Verpflegung, Essen und Bezahlung angeht. Sie sehen auch ohne Schminke und Kostüme gut aus.

Und vor allem entwickeln sie keine Starallüren, obwohl es seit 1991 auch einen Oscar für Filmpferde gibt, den so genannten Silver Spur Award. Die American Quarter Horse Association hat ihn kreiert. Als erstes Pferd wurde Plain Justin Bar damit ausgezeichnet, ein buckskinfarbener Quarter-Horse-Wallach. Er bekam ihn für seine Rolle als Cisco in *Der mit dem Wolf* tanzt. Der zweite Pferde-Oscar-Preisträger ist Docs Keepin Time, der in der Kinofilmversion die Rolle von Black Beauty spielte. Zusätzlich war er außerdem in einer Nebenrolle in *Der Pferdeflüsterer* zu sehen. Das Pferd, das Robert Redford in diesem Film reitet, hat ebenfalls den Silver Spur Award gewonnen.

Außerdem sind Pferde wohl die dankbarsten und unkompliziertesten Statisten. Zahlreiche Filme, vor allem solche, die in Zeiten spielen, wo das Auto noch nicht als Haupttransportmittel fungierte, würden ohne all die namenlosen Pferde im Hintergrund nicht funktionieren und viel weniger authentisch und glaubwürdig wirken.

Menschen sind nur dann lächerlich,
wenn sie versuchen, zu erscheinen, was sie nicht sind.
Giacomo Leopardi, italienischer Dichter

Weil Don Quixote ohne Rosinante
nicht Don Quixote wäre

So wie die meisten jungen Mädchen zu viele Pferdebücher ver-schlingen, hat Don Quixote zu viele Ritterromane gelesen. Das verwirrte ihn, und er hält sich nun selbst für einen Ritter. Er poliert Reste von Rüstungen, die noch von seinen Großeltern vorhanden sind, und besorgt sich ein Pferd. Es hat, wie Cervantes schreibt, Steingallen an den Hufen und besteht nur noch aus Haut und Knochen.

Don Quixote findet sein Pferd jedoch besser als Bukephalos und das Pferd des spanischen Nationalhelden Cid. Vier Tage lang denkt er darüber nach, welchen Namen er ihm geben soll, und verfällt schließlich auf Rosinante.

Der spanische Name hat zwei Bedeutungen: »vorher ein ge-wöhnlicher Gaul« und »allen Pferden vorangehend«, womit Don Quixote praktisch den Ritterschlag seines Pferdes ausdrücken will, eine Vorher-Nachher-Beschreibung. Denn er hält sehr viel von seinem Pferd und sorgt stets dafür, dass es gut gepflegt wird, wenn er auf seinen Reisen Station macht. Sein Knappe, Sancho Pansa, reitet dagegen einen Esel.

Obwohl der Name Rosinante für uns im Deutschen klingt, als ob es sich um eine Stute handelte, ist das Pferd ein Hengst. Er be-gleitet ihn durch all seine Abenteuer, von denen das berühmteste wohl der Kampf gegen die Windmühlen ist. Don Quixote griff sie an, weil er sie für Riesen hielt. Und darum geht es grund-sätzlich in diesem ersten Roman der Weltliteratur: um die Frage, was real ist und was nicht.

Deshalb ist *Don Quixote* heute vielleicht aktueller als je zuvor. Denn so wie dem Helden damals die Ritterromane den Verstand vernebelt und sein schiefes Weltbild geprägt haben, so erzeugen die Massenmedien für uns eine Welt, bei der längst keiner mehr durchschaut, ob uns nur etwas vorgekaukelt wird oder ob das, was wir sehen, echt ist.

Cervantes, der Autor von *Don Quixote*, hat das Buch im Gefängnis geschrieben und seinen Ruhm nicht mehr erlebt. Erst seit 1995 wird Cevantes' Geburtstag, der 23. April, als Welttag des Buches gefeiert. Auf diesen 23. April hat man sich auch als Shakespeares Geburtstag geeinigt, aufgrund einer geschickten Kalkulation von Daten in Taufregistern und kirchlichen Feiertagen. Außerdem ist der 23. April gleichzeitig der Namenstag von St. Georg, dem Schutzheiligen Englands. Mein Pferd hat übrigens auch am 23. April Geburtstag.

Besser ein Esel, der dich trägt,
als ein Pferd, das dich abwirft.
IRISCHES SPRICHWORT

Weil Hans Hansen so gerne
Aufnahmen von Pferdebeinen ansah

Hans Hansen ist eine literarische Figur. Er kommt in *Tonio Kröger* vor, einer der berühmtesten Novellen von Thomas Mann. Hans Hansen ist der Schulkamerad von Tonio Kröger, in den Tonio, vierzehn Jahre alt, unsterblich verliebt ist. Doch die beiden finden nicht zueinander, weil sie vollkommen unterschiedlicher Natur sind.

Tonio ist sensibel, ein empfindsamer Künstler, seine Mutter ist Italienerin und spielt Geige. Während er versucht, Hans Hansen für Schillers *Don Karlos* und die aufopfernde Männerfreundschaft darin zu begeistern, schwärmt Hans, dessen Vater ihn regelmäßig zum Reitunterricht schickt, von einem Bildband mit Momentaufnahmen von Pferden im Schritt, Trab, Galopp und beim Springen.

Die Fotografie war damals relativ neu, und erst durch sie gab es Beweise dafür, in welcher Reihenfolge Pferde die Beine in den einzelnen Gangarten tatsächlich bewegen. Hans Hansens Enthusiasmus ist also verständlich. Doch Tonio interessiert sich leider nicht für Pferde und ist ziemlich verletzt, weil Hans und seine Freunde nur von »Pferden und Lederzeug sprechen« wollen, anstatt sich für *Don Karlos* zu begeistern. Wie es bei Pferdeliebhabern und Menschen, die nichts mit Pferden am Hut haben, oft der Fall ist, reden die beiden völlig aneinander vorbei.

Als er älter ist, betrachtet Tonio seinen Hang zur Kunst als Fluch und sieht in Hans Hansen die Verkörperung von Unschuld und Gesundheit, die man am besten nicht mit Kunst oder Literatur behelligen sollte. Wie immer bei Thomas Mann müssen Künstler leiden, um ihre Werke schaffen zu können, weil »gute Werke nur unter dem Druck eines schlimmen Lebens entstehen«. Tonio beneidet und liebt Hans Hansen, weil dieser ein gewöhnlicher Mensch ist und im Gegensatz zu ihm unbeschwert und fröhlich durchs Leben gehen kann.

Für Thomas Mann gehören Pferde also nicht ins Reich der Kunst, sondern sie verkörpern Lebendigkeit. Sie sind etwas für glückliche, liebenswürdige und gewöhnliche Menschen. Pferde machen glücklich, Kunst und Literatur nicht. Legen Sie also am besten das Buch beiseite und gehen Sie reiten.

... und man sollte nicht Leute, die viel lieber in Pferdebüchern mit Momentaufnahmen lesen, zur Poesie verführen wollen!
THOMAS MANN, »TONIO KRÖGER«

Weil Fury Joe immer geholfen hat

Joe hat Fury immer ohne Sattel geritten. Jede der 114 Folgen der Schwarz-Weiß-Serie fängt damit an, dass Joe Furys Namen ruft, das Pferd angaloppiert kommt, obwohl es in ziemlich weiter Entfernung mit Fressen beschäftigt ist, und sich hinkniet, damit Joe auf seinen Rücken klettern kann.

Die Freundschaft zwischen dem schwarzen Hengst und dem Waisenjungen Joe rührt daher, dass das Kind dem Tier das Leben gerettet hat. In der ersten Folge kommt Joe aufgrund eines Gerichtsbeschlusses auf die Broken Wheel Ranch von Jim. Joe steht nämlich unter Verdacht, eine Fensterscheibe zertrümmert zu haben, und Jim bezeugt seine Unschuld. Fury, ein eingefangenes Wildpferd, ist erst kurz vor ihm auf der Ranch angekommen. Er lässt sich von niemandem reiten, und als einer der Rancheros versucht, das Pferd mit Gewalt zu bezwingen, entlässt ihn Jim. Aus Rache will der ehemalige Mitarbeiter Fury erschießen, was Joe verhindert.

Fury revanchiert sich mehrfach, denn in den restlichen Folgen der Serie rettet der Hengst ständig Joes Leben – entweder vor drohenden Naturkatastrophen, wie etwa Wirbel- und Sandstürmen, oder vor Verbrechern. Da Joe der Einzige ist, der Fury reiten kann, schenkt ihm Jim das Pferd. Später adoptiert Jim den Jungen, und zusammen mit seinem Mitarbeiter Pete, der gleichzeitig als Koch fungiert, bilden die vier eine Art Familie, die in typischer Westernmanier frauenfrei ist (Jim ist schon zu Beginn der Serie Witwer).

Fury wurde zwischen 1955 und 1960 gedreht und spielt auch in dieser Zeit, im Westen der USA. Im deutschen Fernsehen wurde die Serie zum ersten Mal 1958 ausgestrahlt, sie lief jahrelang im Nachmittagsprogramm der ARD. Alle 114 Folgen wurden synchronisiert. Bis auf eine, in der amerikanische Militärflugzeuge die Ruhe der Ranch stören, dann jedoch alle zu der Einsicht kommen, wie wichtig und unverzichtbar das amerikanische Militär ist.

Fury selbst, der schwarze Hengst, wurde von einem American Saddlebred Horse namens Highland Dale gespielt, das dadurch zu einem der berühmtesten und gefragtesten Pferdeschauspieler überhaupt wurde. Er debütierte in einer 1964er Kinoversion von *Black Beauty* und übernahm Nebenrollen in *Bonanza* und in *Giganten* mit James Dean und Elizabeth Taylor. Sein Besitzer und Trainer war Ralph McCutcheon, der ihn als eineinhalbjähriges Pferd gekauft hatte.

Pro Folge zahlte das Fernsehen 1500 Dollar für Fury, im Laufe seines Lebens brachte er McCutcheon über 500 000 Dollar ein. Nur Lassie soll noch mehr verdient haben. Was die beiden tierischen Darsteller so beliebt und erfolgreich macht, ist, dass sie immer auf der Seite der Kinder, der Wahrheit und des Guten sind und diesen zu ihrem Recht verhelfen.

Ein Pferd wird nicht nach dem Sattel beurteilt.
Sprichwort

Weil Gandalf ohne Shadowfax immer zu spät kommen würde

Ohne Pferde wäre *Der Herr der Ringe* ganz anders ausgegangen. Ohne das Pony Bill (in der deutschen Übersetzung Lutz), das ihre gesamten Vorräte trägt, wären die Hobbits verhungert, bevor sie es überhaupt nach Rivendell geschafft hätten. Die Ringgeister hätten Frodo schon auf dem ersten Teil von seiner Wanderung erwischt, hätte ihn nicht Asfaloth, das Pferd des Elben Glorfindel, in Sicherheit gebracht.

Pferde sind Reise- und Transportmittel Nummer eins in dem Fantasy-Epos. Und Tolkien wäre nicht Tolkien, wenn er sich nicht eine eigene Genealogie für die Pferde in seinem Roman ausgedacht hätte. In seiner Welt stammen alle Pferde von den so genannten Mearas ab. Bei ihnen handelt es sich um eine Art bessere Pferderasse einer früheren Zeit, ähnlich wie Aragorn einer der letzten Vertreter eines besseren und aussterbenden Menschengeschlechts ist.

Das oberste Pferd der Mearas ist zur der Zeit des Romans wiederum Shadowfax. Die Mearas stammen von einem Pferd ab, das König Eorl gehörte. Es hieß Felaróf und soll Flügel an den Hufen gehabt haben. Felaróf war ein wildes Tier, das Eorls Vater abwarf, wobei dieser starb, weil er mit dem Kopf gegen einen Stein prallte. Eorl jagte das Pferd und forderte von ihm als Gegenleistung für den Tod seines Vaters, dass Felaróf seine Freiheit aufgab und ihm als Reitpferd diente. Erstaunlicherweise ließ Felaróf sich darauf ein, und Eorl ritt ihn ohne Zaumzeug. Felaróf verstand die Sprache der Menschen, ließ sich aber von niemandem außer Eorl reiten. Eigentlich dürfen auf Mearas nur die Könige von Rohan reiten, und deshalb sind die auch sauer, als Gandalf Shadowfax entführt und der Hengst sich nicht mehr anfassen lässt, als er zurückkehrt. Außer von Gandalf natürlich.

Geht man nach *Fury* oder *Herr der Ringe* oder zahlreichen anderen fiktiven Pferdegeschichten, müsste man es als Vorzug betrachten, wenn sich ein Pferd nur von einem einzigen Menschen anfassen oder reiten lässt. Im wirklichen Leben sind solche Tiere eher selten, und auch sehr unpraktisch. Klar reagiert ein Pferd meistens gelassener auf Menschen, die es kennt, doch ein gut ausgebildetes und erzogenes Pferd sollte sich eigentlich von jedem anfassen und reiten lassen, der es anständig behandelt. Besitzer, die sich darüber freuen, dass sich ihr Pferd nicht so verhält, fahren wohl nicht gerne in den Urlaub und werden auch nie krank.

Doch zurück zu Shadowfax und Gandalf, der wegen seiner tragenden Rolle im Roman eigentlich fast überall zur gleichen Zeit sein muss. Er benutzt Shadowfax, um die großen Distanzen Mittelerdes so schnell wie möglich zurückzulegen. Das Hauptmerkmal von Shadowfax ist nämlich, dass er schnell und groß ist: zwei Eigenschaften, die am häufigsten genannt werden, wenn es darum geht, warum Pferde begeistern.

Wie die meisten Filmpferde hatte Shadowfax ein Double. Zwei Andalusier spielten diese Rolle, eigentlich eher kleine, aber sehr elegante Pferde. Und natürlich ist Shadowfax weiß. In *Der Herr der Ringe* ist fast alles, was besonders gut ist, weiß oder blond. Das ist ähnlich wie in Western, in denen es früher üblich war, dass die Guten weiße Hüte und helle Stiefel trugen und die Bösen schwarze. In *Spiel mir das Lied vom Tod* macht der Regisseur Sergio Leone sich einen Spaß daraus, die Westernsymbolik durcheinanderzubringen, indem er zum Beispiel die Rolle des Bösewichts mit Henry Fonda besetzt, der in allen anderen Western, in denen er mitspielt, ein Ausbund an Tugend ist, und ihm dann auch noch einen Schimmel als Reitpferd gibt. Die Pferde der Ringgeister sind entsprechend schwarz.

But seldom does thief ride home to the stable.
J.R.R. TOLKIEN, »THE LORD OF THE RINGS«

Weil man dann viel eher
Storms Schimmelreiter liest

Wer vom Titel verleitet zu Theodor Storms Novelle *Der Schimmelreiter* greift und eine Pferdegeschichte erwartet, wird nicht unbedingt enttäuscht. Auch wenn sich der Schimmelreiter in erster Linie als Gespenst entpuppt. Die Novelle stammt aus dem 19. Jahrhundert, Pferde waren ein allgemein gebräuchliches Transportmittel.

Die Erzählung fängt damit an, dass ein Reisender, der zeitgemäß zu Pferd unterwegs ist und einen Deich entlangreitet, die Geräusche eines weiteren Pferdes hinter sich hört und dann sieht, wie sich ein schattenhafter Reiter samt Pferd in die Fluten der Nordsee stürzt. Dieses Erlebnis berichtet er in einer Gastwirtschaft. Daraufhin erzählt einer seiner Zuhörer die Geschichte von Hauke Haien, die wiederum über hundert Jahre zurückliegt.

Hauke Haien hat sich schon als Kind mit der Konstruktion von Deichen beschäftigt. Als er Deichgraf wird, lässt er einen neuartigen Deich konstruieren, der auch deswegen als fortschrittlich gelten darf, weil Hauke verhindert, dass bei seinem Bau ein Opfer gebracht werden muss. Zuvor war es üblich, entweder Kinder oder Tiere im Sand eines neuen Deiches lebendig zu begraben. Als die Deichbauer deswegen einen Hund opfern wollen, rettet Hauke ihn, woraufhin niemand mehr sonderlich gut auf ihn zu sprechen ist. Alle glauben, dass er dadurch einen Fluch über den Deich gebracht hat. Als er sich dann auch noch ein suspektes Pferd kauft, ist es mit dem guten Willen seiner Mitmenschen vorbei. Es handelt sich um den Schimmel, der der Novelle ihren Namen gibt. Früher einmal mag das Tier edel ausgesehen haben, doch zu dem Zeitpunkt, als Hauke ihn einem zwielichtigen Durchreisenden abkauft, ist er abgemagert und krank. Hauke päppelt ihn auf. Doch anstatt ihn für seine Tierliebe zu loben, erzählen sich die Leute, das Pferd sei der Teufel. Denn kurz bevor Hauke ihn kauft, verschwindet ein Pferdeskelett von einer Hallig in der Nähe.

Als Deichgraf reitet Hauke seinen neu konstruierten Deich jeden Tag ab und sieht nach dem Rechten. Den alten vernachlässigt er jedoch. Und als bei einer Sturmflut seine Frau mitsamt Kind hinausfährt, weil sie Angst um Hauke hat, bricht der alte Deich, und Hauke muss mit ansehen, wie beide ertrinken. Daraufhin stürzt Hauke sich und sein Pferd in die Flut und bittet Gott darum, sein Leben zu nehmen und die der anderen zu verschonen. Die Einwohner des Dorfes erzählen, dass nach seinem Tod das Pferdeskelett wieder auf seinem angestammten Platz auf der Insel gesehen wurde. Doch Hauke Haiens Deich hält.

Heute gibt es in Schleswig-Holstein ein Naturschutzgebiet, das nach ihm benannt ist, den Hauke-Haien-Koog. Und auch wenn Pferde und Reiter nicht die Hauptrolle im *Schimmelreiter* spielen, ist man als Leser um eine spannende, zugleich gruselige und aufklärerische Geschichte reicher. Schon bevor Hauke Deichgraf wird, entstehen zahlreiche Verwicklungen um Liebe, Neid, Rivalität und Aufopferung. Eben der Stoff, aus dem – neben Pferden – gute Geschichten gemacht sind.

Der Stil eines Autors ist ein Pferd,
das nur einen einzigen Reiter trägt.
JOHN STEINBECK

Weil Bob Dylan von Blut an Sätteln und Pferden im Paradies singt

Pferde haben Dichter und Musiker schon immer inspiriert. Durch die moderne Rock- und Popmusik geistern haufenweise Pferde, und zwar in den Liedtexten. Bob Dylan, unbestritten einer der bedeutendsten Singer-Songwriter unserer Zeit, erzählt zum Beispiel in *Idiot Wind* von einer Fuchsstute, die ihm durch den Kopf rennt, sodass er Sternchen sieht. Das Pferd gehört jemandem, den er nicht mag – ob es nun die Massenmedien sind oder irgendeine Frau ist, darüber sind Bob-Dylan-Fans unterschiedlicher Meinung. Jedenfalls ist der- oder diejenige unehrlich, und Dylan weissagt der Person, dass sie eines Tages in einem Graben landen wird, vermutlich nach einem Reitunfall oder zumindest einem Unfall beim Reiten, und zwar einem mit tödlichem Ausgang. Es ist von Fliegen die Rede und von Blut am Sattel des Pferdes.

Ganz anders in Dylans Lied *Hurricane*. Hier gehören Pferde und Reiten zum Paradies, dem Paradies der Freiheit als Kontrast zum Gefängnis.

In Bruce Springsteens Lied *Silver Palomino* steht das Pferd ebenfalls für das Unbezähmbare, Unerreichbare, für die ultimative Freiheit, die nur der Tod bringen kann. Bei dem Silver Palomino handelt es sich um eine besondere Farbvariante des Palominos. Statt goldbraun ist das Fell eher silbrig, die Mähne weißblond. Springsteen schrieb dieses Lied im Gedenken an eine verstorbene Mutter, die zwei Söhne hinterließ. Den einen von ihnen, 13 Jahre alt, lässt er in dem Text erzählen, wie ihm immer wieder der titelgebende silberfarbene Palomino erscheint. Das Pferd zeigt sich ihm nur kurz, passend zur Fellfarbe vorzugsweise im Mondlicht, lässt sich aber trotz vieler Versuche nicht einfangen. Es bleibt am liebsten einsamen Bergregionen, wo nicht viele Menschen hinkommen. In den Träumen des Jungen reitet er den Palomino ohne Zügel und ohne Sattel in einer wilden, unberührten Landschaft – nicht nur für viele Musiker der Inbegriff der Freiheit.

Bei Dylans Kollegen scheinen Pferde am häufigsten in Verbindung mit der mythischen Figur des amerikanischen Cowboys vorzukommen. Er ist einsam, zieht besitzlos, aber frei durchs Land und wird nie sesshaft, sondern ist immer in Bewegung, immer auf der Suche nach irgendetwas, kann sich nicht mit dem Rest der Gesellschaft identifizieren oder anfreunden und verbringt sogar seine Nächte unter freiem Himmel neben einem Lagerfeuer, eben *just like a rolling stone*.

Dabei grenzen die Songtexter die Schattenseiten des Cowboydaseins nicht aus. In *My Heroes Have Always Been Cowboys* schreibt Willie Nelson zum Beispiel vor allem über ihre Einsamkeit und ihre Alpträume. Heimatlos und rastlos sind Cowboys auch heute noch eine ideale Identifikationsfigur für Musiker, denen ihre Kunst wichtiger ist als ihre Mitmenschen und deren Regeln, die etwas anderes wollen und versuchen, es in einer freien Lebensweise zu finden – wofür sie natürlich immer auch einen gewissen Preis zahlen. Die Band Cowboy Junkies hat den Berufszweig gleich ganz pauschal in ihrem Namen verankert.

He who shall train the horse to war
Shall never pass the polar bar.
WILLIAM BLAKE, »AUGURIES OF INNOCENCE«

KAPITEL 8

»Ich liebe Pferde, weil ...« – die ganz persönlichen Gründe einiger Reiter

*Das Gras muss dem Pferd schmecken,
nicht dem Reiter.*
SPRICHWORT

Weil sie dem Menschen einen Spiegel vorhalten –
Klaus Balkenhol

Klaus Balkenhol, geboren 1939, lernte auf dem elterlichen Hof den Beruf des Landwirts. Sein Vater war Gutsverwalter und züchtete Pferde, mit denen Balkenhol sich nach der Arbeit auf dem Feld in Springen, Dressur und Vielseitigkeit übte. Da die Berufsaussichten in der Landwirtschaft zu der Zeit, als er seine Lehre abschloss, nicht allzu gut waren, ging er für eine zusätzliche Ausbildung zur Polizei.

Als Polizeihauptmeister bei der Reiterstaffel in Düsseldorf bewarb er sich in den 1970er Jahren mit seinem Streifenpferd Rabauke bei der Deutschen Reiterlichen Vereinigung in Warendorf um einen Lehrgang. Ohne fremde Hilfe, nur aus Büchern und vom Zuschauen, hatte er den Wallach bereits in schwierigen Lektionen geschult – meist auf dem Rückweg von der Streife. Der damalige Bundestrainer Willi Schultheiß sah in Rabauke ein ideales Dressurpferd und fand ihn und seinen Reiter so gut, dass er einen Brief an das Innenministerium schrieb. Er bewirkte, dass die Reiterliche Vereinigung Klaus Balkenhol förderte und er auf internationalen Dressurturnieren starten durfte. Die Dienstordnung der Polizei hätte seine Teilnahme an internationalen Wettbewerben normalerweise auf fünf Turniere beschränkt, und das auch nur, wenn sie in Deutschland stattfanden.

1979 schafften es Balkenhol und Rabauke, Deutsche Vizemeister der Dressur zu werden. Kurz bevor Rabauke sich beinahe für die Olympischen Spiele qualifiziert hätte, verletzte er sich und kam wieder zurück zur Polizei. Dort verrichtete er noch einige Jahre Dienst als Streifenpferd, wurde Balkenhol überlassen und genoss bei ihm seinen Lebensabend.

Dann entdeckte Balkenhol Goldstern, mit dem er mehrfach Deutscher Meister in der Dressur wurde und schließlich das olympische Mannschaftsgold gewann. Nachdem Goldstern aus dem Sport verabschiedet worden war, arbeitete Balkenhol als Bundestrainer für Dressur in Deutschland und trainierte später auch erfolgreich die Nationalmannschaft der USA. Nadine Capellmann gehört ebenfalls zu seinen Schülerinnen. Er ist Gründungsmitglied und zweiter Vorsitzender der 2005 gegründeten Gesellschaft für Erhalt und Förderung der klassischen Reitkunst Xenophon. Sein Motto ist: Lass das Pferd Pferd sein und richte dich danach.

Auf die Frage, warum er Pferde mag, antwortete Klaus Balkenhol im Herbst 2009:

Weil Pferde Wesen sind, die dem Menschen Verständnis entgegenbringen und Spiegel seiner selbst sind. Wenn ich ein Pferd gut behandle, bekomme ich das zurück. Ich habe seit frühester Jugend mit Pferden zu tun, sie sind faszinierende Wesen.

Richtig reiten reicht.
PAUL STECKEN, MAJOR a.D, VON 1950 BIS 1985
LEITER DER WESTFÄLISCHEN REIT- UND FAHRSCHULE

Damit unsere Seele überlebt –
Linda Tellington-Jones

Linda Tellington-Jones, geboren 1937 in Kanada, war in allen möglichen Disziplinen des Reitsports, vom Fahren über Springen und Western bis hin zum Distanzreiten, erfolgreich. Bekannt ist sie jedoch vor allem wegen des Tellington Touches, den sie in den 1970er Jahren entwickelte. Dabei handelt es sich um eine Methode, das Wohlbefinden von Tieren (oder auch Menschen) durch verschiedene, der Massage ähnelnde Berührungen zu verbessern.

Linda Tellington-Jones setzte sich schon früh für einen gewaltfreien und partnerschaftlichen Umgang mit Pferden ein und wurde durch ihre Kurse, Bücher und Zeitschriftenartikel in der ganzen Welt bekannt. Entscheidend beeinflusst wurde sie von Moshe Feldenkrais, bei dem sie vier Jahre lang in San Francisco studierte. Sie übertrug seine Methoden, festgefahrene Bewegungs- und Verhaltensmuster zu durchbrechen und positiv zu verändern, indem man sie sich bewusst macht und durch andere mentale Bilder ersetzt, auf die Ausbildung von Reitern und Pferden.

Wie die Wirkungsweise der Tellington Touch Equine Awareness Method (TTEAM) wirklich funktioniert, ist wissenschaftlich bisher nicht erwiesen. Doch viele Reiter haben positive Erfahrungen damit gemacht und festgestellt, dass ihre Pferde ausgeglichener und leistungsbereiter werden. Auch Reiter, die große Probleme mit widersetzlichen, ängstlichen und traumatisierten oder verhaltensgestörten Pferden haben, finden bei Tellington-Jones Rat und Hilfe.

1992 bekam sie von der Vereinigung der amerikanischen Reitlehrer eine Auszeichnung für ihr Lebenswerk, 1994 wählte die Reiterliche Vereinigung Nordamerikas sie zur Reiterin des

Jahres. Auf die Frage, warum sie Pferde liebt, antwortete Linda Tellington-Jones im Herbst 2009:

Ich liebe Pferde, seit ich meine Nase in Trixies Hals vergraben habe, der Stute, die mein Vater mir gekauft hat, damit ich in Kanada zur Schule reiten konnte. Ich war damals sechs Jahre alt. Den besonderen Geruch eines Pferdes einzusaugen erfüllt meine Sinne mit Freude. Seit Jahrhunderten spielen Pferde eine wichtige Rolle für das physische Überleben der Menschheit. Ich glaube, in unserer heutigen Zeit sind sie in unserem Leben, damit unsere Seele überlebt – um uns mit der Natur und Gott zu verbinden. Ich liebe sie, weil ich Geduld, Dankbarkeit, Verständnis und Mitleid von ihnen lerne. Indem ich auf diese Art mit Pferden umgehe, lerne ich, meinen Mitmenschen dieselbe Geisteshaltung entgegenzubringen.

Jeder Pferdemensch sollte die Tellington-Methode kennen und sie bei seinen Pferden anwenden.
REINER KLIMKE, MEHRFACHER OLYMPIASIEGER DRESSUR

Weil das Pferd die Hauptkulturtechnik gewesen ist –
Hinrich Romeike

Seit den Olympischen Spielen 2008 ist Hinrich Romeike einer der gefragtesten deutschen Reiter. Dort holte er nämlich zwei Medaillen: Mannschafts- und Einzelgold in der Vielseitigkeit. Gerade als die deutschen Reiter, was Olympia betrifft, eher am Verzagen waren.

Bei der Wahl zum Sportler des Jahres landete er im selben Jahr auf Platz vier. Dabei ist er eigentlich gar kein Profireiter, sondern ein Amateur und hauptberuflich Zahnarzt. Nach seinen beiden Olympiasiegen gab er den Angestellten in seiner Praxis vor lauter Freude einen Tag frei, was er ihnen über das Fernsehen mitteilte.

Das Pferd, das ihm zu seinem Erfolg verhalf, ist der Holsteiner Schimmelwallach Marius. Bei den Europameisterschaften 2003 erzielten Romeike und Marius das beste deutsche Ergebnis. Als das Image der deutschen Reiterei anfing, unter Dopingvorwürfen zu leiden, und viele mit Überraschung darauf reagierten, dass die Deutschen beim Reiten nicht automatisch den ersten Platz machen, blieb Romeike ein positiver Hoffnungsträger. Was ihn so sympathisch macht, ist vor allem, dass er das Wohl seines Pferdes Marius, das seit 1999 in seinem Besitz ist, tatsächlich über seine sportliche Karriere zu stellen scheint – im Gegensatz zu anderen Spitzensportlern, die zwar nicht müde werden, das immer wieder von sich zu behaupten, dann aber doch bei fragwürdigen Trainingsmethoden oder beim Doping ertappt werden.

Auf die Frage, warum er Pferde mag, antwortete Hinrich Romeike im Herbst 2009:

Mir ist Teamwork und Partnerschaft mit dem Lebewesen wichtig, welches die Geschichte der Menschheit geprägt hat. Ohne Pferde säßen wir heute noch auf Bäumen. Das Pferd ist die Hauptkulturtechnik, und ich bin stolz, diese alte Kulturtechnik zu repräsentieren. Ohne Reiten gäbe es keine Menschheitsentwicklung.

Ich halte mich nicht für besonders talentiert, aber ich bin beharrlich, geduldig und ein Pferdefreund. Und das Handwerk des Reitens kann man lernen.
HINRICH ROMEIKE, PORTRÄT NDR ONLINE

Weil man mit Pferden verschmelzen kann –
Bent Branderup

Die ersten Worte, die der dänische Meister der historischen Reitkunst von sich gegeben haben soll, sobald er sprechen konnte, lauteten: »Ich wünsche mir ein Pferd.« Nachdem er jung zu reiten angefangen hatte, verleidete ihm ein Unfall im Alter von sieben Jahren zunächst den Reitsport. Jedoch nur für kurze Zeit. Shetlandponys gaben ihm wenig später sein Vertrauen zurück, und mit zwölf hatte er bereits erste eigene Berittpferde. Er schulte sie für einen Landwirt im Ringreiten und ritt mit ihnen selbst Jagden und Military.

Mit vierzehn hatte er sein erstes Gespann selbst eingefahren und restaurierte in einem Museum Kutschen und Geschirre. Bei dieser Tätigkeit entdeckte Branderup sein Interesse an den historischen Aspekten der Reitkunst.

Schon während seiner Schulzeit reiste er zu den wichtigen Zentren der Pferdegeschichte, und nach dem Abitur verbrachte er ein Dreivierteljahr in Island. Eigentlich wollte er studieren, doch er blieb bei den Meistern der spanischen Reitkultur in Jerez hängen und machte die historische Reitkunst zu seinem Lebensinhalt.

Branderup pflegt seine Akademische Reitkunst abseits der Turnierplätze, doch Prüfungen gibt es auch bei ihm: Er hat eine Ritterschaft gegründet, in der das Können der Reiter geprüft wird, die sich den Idealen der Akademischen Reitkunst verschreiben wollen. Zu diesen Idealen gehört, Pferde so zu gymnastizieren, dass sie gesund bleiben und unversehrt alt werden, die Reitkunst in einem feierlichen Rahmen zu ehren und den Kreis ihrer Anhänger zu vergrößern.

Auf die Frage, warum er Pferde mag, antwortete Bent Branderup im Herbst 2009:

Warum liebe ich Pferde? Das ist eine schwierige Frage. Man kann ja auch nicht sagen, warum man kleine Kinder liebt. Man kann höchstens sagen, was man an ihnen liebt. Wir müssen die Frage also umformulieren: Was mag ich an Pferden?

Ihr Wesen überhaupt. Pferde haben einen ganz anderen Grundcharakter als zum Beispiel Hunde. Wie bei Hunden sind manche liebenswürdiger als andere, aber ich mag Pferde generell. Mit einem Pferd kann man verschmelzen. Das geht mit keiner anderen Tierart. Einem Hund kann man auch sagen, geh nach links oder nach rechts, aber man steht neben ihm, bleibt also von ihm getrennt. Von einem Elefanten kann ich mich auch transportieren lassen, aber ich kann nicht fühlen, wie meine Hilfen durch ihn hindurchgehen. Wenn ich ein Pferd reite, kann ich dagegen spüren, wie zwei Körper gemeinsam ausführen; spüren, wie zwei Seelen und zwei Körper dasselbe wollen. Das ist für mich auch die Definition der Reitkunst. Diese Verschmelzung ist nur möglich, weil der Geist des Pferdes etwas hat, das keine andere Tierart hat. Und das finde ich einmalig am Pferd.

Solange die Reiterei noch praktische Ziele hatte,
wie Rinder zu hüten oder dem Feind im Kampf zu begegnen,
konnte das Niveau zwar hoch oder niedrig sein, niemals aber
widernatürlich. Hüten Sie sich vor einer Kunst, die nur künstlich
ist und mit der Sie Ihrem Pferd schaden. Strampelwettbewerbe und
Schleifchenjagd stellen keine wahren Lebensqualitäten dar.
BENT BRANDERUP, »AKADEMISCHE REITKUNST«

Weil Pferde die besten Lehrer für uns sind –
Martin Kreuzer

In seiner Jugend wurde Martin Kreuzer, geboren 1963, ganz traditionell in der klassischen Reiterei ausgebildet, hauptsächlich, damit er an kirchlichen Feiertagen bei Brauchtumsveranstaltungen in ganz Österreich mitwirken konnte. Sein Vater war über viele Jahre hinweg aktives Mitglied in einem Salzburger Brauchtumsverein, Verwandte von ihm besaßen Pferde, die sie für die Ritte zur Verfügung stellten.

Später war Kreuzer durch seine berufliche Laufbahn gezwungen, das Reiten erst einmal sein zu lassen. Sein Beruf führte ihn jedoch öfter in die USA, und bei einem Aufenthalt dort lernte er das Westernreiten kennen. Er wurde auf eine echte Working Ranch eingeladen und durfte mit den Cowboys mitreiten (wenn auch nicht mitarbeiten). Anschließend fand ein Rodeo statt, bei dem die Teilnehmer in Disziplinen wie Bronco Riding, Bull Riding, Barrel Race, Working Cow Horse und Roping gegeneinander antraten. Kreuzer war fasziniert, besuchte Turniere und Shows und lernte schließlich Trainer kennen, die diese Disziplinen lehrten.

Er stellte jedoch fest, dass die Welt des Sports für die Pferde hart ist, und orientierte sich in eine andere Richtung. Nach Stationen bei mehreren Trainern in den USA hörte er von einem Reiter, der sich von Turnieren fernhielt und stattdessen die altkalifornische Westernreitweise pflegte und lebte – und manchmal auch noch lehrte. Durch ihn erkannte Kreuzer, dass es noch viel mehr als das herkömmliche Westernreiten gibt. Er verstand, was es bedeutet, ein Pferd auszubilden, anstatt es lediglich abzurichten. Kreuzer lernte Bodenarbeit kennen, und er erfuhr, wie diese mit dem Reiten selbst Hand in Hand geht. Diese Art, mit Pferden zu arbeiten, begeisterte ihn so sehr, dass er danach noch mehrere andere Trainer aufsuchte, die Pferde nach Horsemanship-Methoden ausbildeten. Dabei fand er nicht nur Gutes, sondern auch vieles, was er ablehnte und nicht übernahm.

Wieder zu Hause half er auch anderen Leuten mit ihren Pferden. Angespornt von den Ergebnissen, die er dabei erreichte, bildete er sich weiter und erkannte, wie wichtig es ist, dem Pferdebesitzer zu zeigen, dass es eine Partnerschaft zwischen Pferd und Mensch geben kann, die auf Respekt und Vertrauen beruht.

Er hielt Kurse auf der ehemaligen Hacienda von Jean-Claude Dysli ab und lernte ihn dabei näher kennen. Die beiden stellten fest, dass ihre Philosophie der Reiterei und Pferdeausbildung viele Gemeinsamkeiten hatte. Zusammen arbeiteten sie daran, Pferdebesitzern und Reitern einen Weg zu zeigen, wie sie besser mit ihren Pferden kommunizieren können. Seitdem kommt Jean-Claude Dysli jedes Jahr im Sommer in das Trainings- und Ausbildungszentrum, das Kreuzer sich hier in Deutschland aufgebaut hat. Zu zweit halten sie Kurse, Workshops und Seminare ab und demonstrieren ihre Methoden bei Vorführungen auf verschiedenen Veranstaltungen. Mit seinem klar strukturierten Trainings- und Ausbildungsprogramm hat Kreuzer in den letzten Jahren vielen Menschen geholfen, Pferde besser zu verstehen. Sein Ziel ist dabei immer gleich geblieben: körperlich und seelisch gesunde Pferde. Tiere, die emotional, geistig und körperlich fit sind und den Menschen in einer positiven Führungsrolle sehen. An seiner Horsemanship Academy bildet er auch Trainer aus und gibt sein Wissen weiter. Seine Antwort auf die Frage, warum er Pferde mag, lautet:

Ich mag Pferde, weil sie in allen Belangen ehrlich sind und weil sie die besten Lehrer für uns sind. Echtes Horsemanship ist auch eine Schule der Menschlichkeit, und das haben wir unseren Pferden zu verdanken. Wir können durch sie lernen, klar und deutlich zu sein, effektiv zu werden und Feeling, Timing und Balance zu entwickeln. Und dies hilft uns Menschen – wenn wir es bewusst aufnehmen – auch in unserem täglichen Leben.

Ein Pferdetrainer trainiert Pferde, ein Horseman trainiert sich selbst.
MARTIN KREUZER

Weil man mit Pferden absolut vom Alltag abschalten kann –
Volker Sichler

Volker Sichler, geboren 1965, ist in erster Linie als Erfinder der Hollister-Motorräder bekannt. Benannt hat er sie nach der Kleinstadt in Kalifornien, wo vor langer Zeit das erste organisierte Treffen von Harley-Fans stattfand. Es war schon immer sein Traum, seine eigene Motorradmarke zu erfinden. Schon als 15-Jähriger sammelte er zu diesem Zweck erste Erfahrungen im Tunen von Mofas, dem eigenen und denen von anderen. Sein Ziel war, das schnellste Mofa der Stadt zu lenken. Später kaufte er gebrauchte Harley-Davidsons, restaurierte sie und passte sie den Wünschen der Kunden an, denen er sie weiterverkaufte. Manche davon importierte er auch aus den USA, wobei er in einige abenteuerliche Situationen geriet.

Heute stellt er seine eigenen Motorräder her, für die er seit 1999 eine Herstellernummer beim Kraftfahrtbundesamt in Flensburg besitzt. Für viele seiner Modelle hat er auf der ganzen Welt bedeutende Preise gewonnen, darunter den deutschen und den internationalen Design-Preis.

Zum Reiten kam Sichler, als er eines Tages beschloss, dass er ein Hobby brauchte, um sich von seinem ereignisreichen Berufsleben zu erholen. Pferdezüchter wurde er, weil eine Quarter-Horse-Stute, die er unbedingt haben wollte, tragend war. Inzwischen haben die Stuten aus seiner Zucht rund 40 gesunde und erfolgreiche Fohlen auf die Welt gebracht.

Auf die Frage, warum er Pferde mag, antwortete Volker Sichler im Herbst 2009:

Das mit den Pferden ist für mich ein absolutes Abschalten vom Alltag. Dazu kommt die Faszination für Quarter Horses – die Ausstrahlung, Schönheit und Coolness, die sie mitbringen. Mit ihnen zu arbeiten, am Boden oder im Sattel, ist das schönste

Hobby der Welt. Besonders als Züchter ist es immer wieder ein Highlight, ein Fohlen auf die Welt zu bringen, es großzuziehen und beim Verkauf Menschen auf lange Zeit glücklich zu machen. Kurz gesagt, wer nicht mit diesem Virus angesteckt ist, wird es nie verstehen, wer jedoch mit dem Quarter-Horse-Virus infiziert ist, weiß genau, wovon ich spreche.

A man is a success if he gets up in the morning and gets to bed at night, and in between he does what he wants to do.
BOB DYLAN

Weil es erfüllend ist, mit ihnen zusammenzuarbeiten –
Klaus Zeeb

Klaus Zeeb, geboren 1930, kam zum ersten Mal mit Pferden in Berührung, als er zwölf Jahre alt war. Ein Nachbar erlaubte ihm, bei der Heuernte die Pferde vor dem Ladewagen zu fahren. Während seiner Lehre in der Landwirtschaft durfte er helfen, junge Pferde einzufahren. Als er später Tiermedizin studierte, beschäftigte er sich mit dem Verhalten von Tieren.

Zeeb gilt als Begründer der Pferdeverhaltensforschung. In den 1960er Jahren baute er am Tierhygienischen Institut in Freiburg eine Abteilung für Angewandte Verhaltensforschung auf, eine Wissenschaft, die damals noch nicht sehr weit entwickelt war. Jahrzehntelang hat er die Dülmener Wildpferde in Nordrhein-Westfalen beobachtet.

Seine Erkenntnisse über deren natürliche Verhaltensweisen hatten entscheidenden Einfluss auf die vom Bundeslandwirtschaftsministerium herausgegebenen Leitlinien, wie heute die Haltung von Pferden (und anderen Tieren) und der Umgang mit ihnen beschaffen sein sollte.

In Büchern und Filmen beschreibt er die Bedürfnisse von Pferden, die sich aus ihrem Leben in der Herde ergeben, wie zum Beispiel Fellpflege und soziale Kontakte. Dadurch hat er zahlreichen Pferdeleuten zu einem besseren Verständnis für ihr Tier verholfen. Wichtig ist ihm, zu vermitteln, wie man eine positive Beziehung zwischen Mensch und Tier herstellen kann, indem man auf seine natürlichen Verhaltensweisen und Bedürfnisse Rücksicht nimmt.

Neben Pferden sind Zirkustiere und ihre artgerechte Ausbildung Schwerpunkt seiner Arbeit. Hier hat ihn seine 40 Jahre andauernde Freundschaft mit Freddy Knie um viele Erkenntnisse bereichert.

Auf die Frage, warum er Pferde mag, antwortete Klaus Zeeb im Herbst 2009:

Weil es mir von Jugend an imponiert hat, welch wunderbare partnerschaftliche Beziehungen sich zwischen Mensch und Pferd aufbauen lassen und wie erfüllend es ist, mit ihnen zusammenzuarbeiten.

Völlig unabhängig davon, welche Tierart ausgebildet oder trainiert wird, das Ziel der Arbeit muss sein, Partnerschaft mit dem Tier oder den Tieren zu erreichen. Falls das Tier mittels Bestrafung zu etwas gezwungen wird, ist diese Partnerschaft nicht zu erreichen. Ist der Mensch nicht in der Lage, beim Tier die Führung zu übernehmen, wird die Partnerschaft ebenfalls nicht erreicht. In beiden Fällen kann das Tier nicht zur optimalen Entfaltung seiner Fähigkeiten gebracht werden, weil es nicht im Einklang mit dem Menschen steht.

Klaus Zeeb, »Partnerschaft mit Tieren«

Weil motivierte Pferde faszinierend viel leisten können –
Kay Wienrich

Kay Wienrich, geboren 1957, reitet seit seinem neunten Lebensjahr und begann bereits mit sechzehn Jahren, Pferde zuzureiten. Von Anfang an galt sein Interesse dem Westernreiten.

Nach dem Abitur lernte er in New Mexico, mit Rindern zu arbeiten, und baute schließlich seine eigene Ranch auf. Seit dieser Zeit ist sein Name mit den großen Pferden der Reining-, Cow-Horse- und Cutting-Szene verbunden – seine beiden Hengste Doc Chex und The Hollywood Man haben in Europa Westernreitgeschichte geschrieben und sind heute noch aufgrund ihrer erfolgreichen Nachkommen bekannt.

Kay Wienrich hat unzählige Turniere in Deutschland und der ganzen Welt gewonnen. Als erster europäischer Teilnehmer gelangte er zum Beispiel 1998 ins Finale der World Show der American Quarter Horse Association in Oklahoma City, die praktisch erst dadurch von einer rein amerikanischen zu einer World Show wurde. Er ist der einzige Reiter, dem es gelang, fünfmal in Folge die Breeders Futurity der National Reining Horse Association (NRHA) zu gewinnen. Bei den Weltreiterspielen in Spanien im Jahr 2002, als Reining zum ersten Mal als gleichwertige Disziplin neben den klassischen Wettbewerben vertreten war, ging Kay Wienrich mit der Deutschen Nationalmannschaft an den Start.

Seit 2005 ist er der Bundestrainer der Deutschen Reining-Nationalmannschaft, mit der er 2006 den vierten Platz bei den Weltreiterspielen in Aachen belegte und 2007 die Goldmedaille bei den Europameisterschaften holte. Seit 2007 ist er außerdem Vorstand der NRHA Germany. Bei der Ausbildung seiner Pferde beschreitet Kay Wienrich mit Hackamore und Spade Bit gerne den traditionellen Weg, der seit Jahrhunderten auf den Ranches im Westen der USA praktiziert wird.

Auf die Frage, warum er Pferde mag, antwortete Kay Wienrich im Herbst 2009:

Ich mag Pferde, weil es mich immer fasziniert hat, auch noch nach über 40 Jahren, was ein Pferd zu leisten imstande ist, wenn man es richtig motivieren kann. Nicht nur im Sinne von schnell rennen, hoch springen oder gar, in meinem Metier, schnell drehen und hart stoppen, sondern einfach, dass ein Pferd seinem Reiter ein Gefühl von Überlegenheit, Harmonie und Freiheit vermitteln kann, wenn man im Einklang mit ihm reitet.

Als ich mit dem Westernreiten anfing, war das, was heute als traditionell bezeichnet wird, der Status quo, wie man ein Pferd trainiert. Im Laufe der Jahre hat sich die Herangehensweise bei der Ausbildung von Pferden verändert. Was mich am traditionellen Ausbildungsweg reizt, ist die Tatsache, dass der Zeitfaktor dabei keine Rolle spielt, sondern das Training anhand der Fortschritte des Pferdes bestimmt wird.
Kay Wienrich, Interview anlässlich der »Hippologica«, Berlin 2009

Weil sie mir ein Leben in Freiheit ermöglichen – Heinz Springstein

Heinz Springstein ist Meister der Bodenarbeit mit Pferden. Er praktizierte sie bereits, als Pat Parelli gerade erst anfing, sie in Deutschland bekannt zu machen. Seine Hauptmotivation war, Pferde so auszubilden, dass sie ihren Reiter – und vor allem auch die Menschen in seiner Umgebung – möglichst wenig gefährden. Dies gelingt nur, sagt Springstein, wenn das Pferd gelernt hat, nicht seinen natürlichen Instinkten wie dem Fluchttrieb nachzugeben, wenn es erschrickt, sondern in jeder Situation einzig und allein auf den Menschen zu reagieren, der es führt.

Springstein bringt den Pferden also nicht bestimmte Übungen bei, gewöhnt sie nicht an einzelne Gefahrensituationen, Dinge oder Geräusche, sondern vermittelt ihnen das grundlegende Prinzip, auf den Menschen zu hören, egal, womit sie konfrontiert werden. Springsteins Meinung nach wird die Ausbildung eines Pferdes eigentlich nicht von seinem Besitzer bestimmt, sondern von Dritten. Denn die müssen sich dem Tier gefahrlos nähern können und dürfen durch seine Verhaltensweisen nicht in Gefahr geraten. Voraussetzung ist, dass der Besitzer sich gegenüber anderen Menschen und Tieren verantwortlich fühlt.

Im Laufe der Jahre hat Springstein seine Künste so weit verfeinert, dass er nur durch seine Stimme und ohne das von ihm trainierte Pferd zu berühren, ohne sich zu bewegen und ohne jedes andere Hilfsmittel in der Lage ist, ein Pferd zentimetergenau zu dirigieren. Mithilfe von nur vierzehn Stimmkommandos teilt er dem Pferd mit, welchen Huf es in welcher Geschwindigkeit wohin setzen soll. Auf diese Weise lädt Springstein zum Beispiel Pferde vorwärts und rückwärts in Anhänger ein, und zwar so, dass er das Pferd dabei jederzeit anhalten oder seine Richtung ändern lassen kann. Einem Hund oder einem kleinen Kind, die plötzlich vor die Füße des Pferdes laufen, könnte das zum Beispiel das Leben retten. Es wirkt wie Zauberei, wenn Springstein in der Mitte einer Reitbahn auf einem Stuhl sitzt und das Pferd um ihn herum alles Mögliche machen lässt – durch Vorhänge aus Flatterband gehen, über Stangen und unter Regenschirmen durch –, ohne es dabei auch nur anschauen zu müssen.

Springstein entdeckte seine Liebe zu Pferden im Alter von acht Jahren. Auslöser war die Fernsehserie *Fury*: Genau so ein Pferd wollte er gern haben, musste sich jedoch aus Geldmangel erst einmal damit begnügen, die Nähe zu Pferden auf Bauernhöfen und im Zirkus zu suchen. Am meisten beeindruckt hat ihn hier ein großes Ackerpferd: Als auf dem Feld ein starkes Gewitter ausbrach, fanden er und der Landwirt, dem das Tier gehörte, unter dessen Bauch Schutz vor dem Regen.

Erst als Springstein zwanzig war, konnte er es sich leisten, Reitstunden zu nehmen, die sich jedoch als große Enttäuschung herausstellten. Auf diversen Lehrpferden kugelte er sich Schultern und Finger aus, brach sich Schienbeine und Rippen. Die Konsequenz daraus war, zunächst einmal mit dem Reiten aufzuhören. Zwar mochte er Pferde trotzdem noch, beschloss aber, sie nur noch als wunderschöne, doch für den Umgang mit Menschen zu gefährliche Tiere zu betrachten.

Es waren Westernpferde, die ihn zur Reiterei zurückführten. Bei ihnen wird in der Ausbildung traditionell viel Wert darauf gelegt, dass sie sich nicht so leicht aus der Ruhe bringen lassen. Springstein lernte Jean-Claude Dysli und den Kanadier Bernie Hoeltzel kennen, beide Männer der ersten Stunde des Westernreitens in Deutschland.

Mit den Jahren wuchs die Nachfrage nach Springsteins Knowhow in der Ausbildung und Korrektur von Pferden. Zunächst nahm er unentgeltlich Tiere ins Training und arbeitete nach Dienstschluss mit ihnen, bis diese Nebenbeschäftigung so viel Zeit in Anspruch nahm und die Leute ihm so viel Geld dafür boten, dass er sich schließlich als Pferdetrainer selbstständig machte.

Seine Lebensgefährtin Anja Bongard verdankt er ebenfalls den Pferden: Springstein begleitete Jean-Claude Dysli bei einigen Vorführungen und Kursen, die dieser gab, um das Westernreiten in Deutschland bekannt zu machen, als Anja Bongard eines Tages bei so einer Veranstaltung auftauchte und Springstein die Gelegenheit nutzte, ihr das Westernreiten zu erklären.

Heute führt Springstein seine eigene Ausbildungsmethode auf zahlreichen Messen, Turnieren, Shows und anderen Events quer durchs Land vor. Auf die Frage, warum er Pferde mag, antwortete er im Herbst 2009:

Am Anfang war es eine große Sehnsucht nach diesem wunderschönen Geschöpf Gottes. Diese gewisse Verklärtheit wich später einer rationalen Herangehens- und Umgangsweise und gipfelte in der Erkenntnis, mit einem Tier umgehen zu können, das es mir ermöglichte, mein Leben in relativer Freiheit, mit gleich gesinnten Menschen und mit tiefen Emotionen erleben zu dürfen.

Nichts bewahrt dich vor größeren Illusionen als drei Pylonen in der Reitbahn.
Heinz Springstein

Weil sie einen an ihrer Bewegung teilhaben lassen – Anja Beran

Anja Beran, geboren 1970, wuchs mit Pferden auf und zeigte so viel Talent für das Reiten, dass sie als Sechzehnjährige bei einem Ferienaufenthalt in Portugal die Aufmerksamkeit des berühmten Reitmeisters Manuel Jorge de Oliveira auf sich zog und von ihm gefördert wurde. Zu Hause in Deutschland bekam sie Unterricht von Marc de Broissia, bei dem sie nach ihrem Abitur sechzehn Jahre lang blieb und lernte, Pferde nach den Prinzipien der klassischen Reitkunst auszubilden.

Anja Beran vertritt die Überzeugung, dass man ungefähr sechs Jahre lang täglich acht Pferde unter der Aufsicht eines Meisters reiten muss, bevor man gut genug ist, ein Pferd durch die eigene Reiterei tatsächlich zu verbessern. Für Durchschnittsreiter, denen eine solche Ausbildung verwehrt bleibt, nimmt Anja Beran auf ihrem Hof im Allgäu Pferde in Beritt. In ihrem Buch *Aus Respekt!* erklärt sie, wie sich die Prinzipien der klassischen Reitkunst nach dem Bewegungsapparat des Pferdes richten und wie es trainiert werden muss, dass es einen Reiter unbeschadet tragen kann.

2009 hat sie eine Stiftung gegründet, um junge Reiter auszubilden, damit die klassische Reitkunst auch zukünftigen Generationen erhalten bleibt. Auf die Frage, warum sie Pferde mag, antwortete Anja Beran im Herbst 2009:

Das ist eine reine Herzensangelegenheit und nicht mit Worten erklärbar. Schon bevor ich sechs Jahre alt war, wusste ich, dass ich mein ganzes Leben mit Pferden verbringen möchte. Pferde sind für mich die schönsten, edelsten und sensibelsten Tiere überhaupt, und es gibt einen einzigartigen, feinen Weg, mit ihnen zu kommunizieren. Die Verbindung zu Pferden ist wahrscheinlich auch deshalb größer, als man sie zu anderen Tieren empfindet, weil man Pferde reiten kann und als Mensch von ihrem Bewegungspotenzial profitiert, indem sie einen daran teilhaben lassen. Für mich gibt es nichts Schöneres, als Pferde in freier Bewegung zu sehen – oder hervorragend geritten.

Die Dressur ist für das Pferd da
und nicht das Pferd für die Dressur.
ANJA BERAN

DER AUTOR

Sabine Anders wurde 1979 in Augsburg geboren und studierte englische, amerikanische und neuere deutsche Literatur. Anschließend promovierte sie und arbeitete als freiberufliche Autorin und Übersetzerin. Seit ihrer Kindheit liebt sie Pferde über alles und heute ist sie selbst stolze Besitzerin eines eigenen Pferdes.

Sabine Anders
111 GRÜNDE PFERDE ZU LIEBEN
Eine Liebeserklärung an den edelsten, anmutigsten
und schnellsten Gefährten des Menschen

ISBN 978-3-89602-915-7
© Schwarzkopf & Schwarzkopf Verlag GmbH, Berlin 2010
Alle Rechte vorbehalten. Dieses Werk ist urheberrechtlich geschützt.
Jede Verwendung, die über den Rahmen des Zitatrechtes bei korrekter
und vollständiger Quellenangabe hinausgeht, ist honorarpflichtig und
bedarf der schriftlichen Genehmigung des Verlages.
Coverfotos: © shutterstock.com

KATALOG
Wir senden Ihnen gern kostenlos unseren Katalog.
Schwarzkopf & Schwarzkopf Verlag GmbH
Kastanienallee 32, 10435 Berlin
Telefon: 030 – 44 33 63 00
Fax: 030 – 44 33 63 044

INTERNET | E-MAIL
www.schwarzkopf-schwarzkopf.de
info@schwarzkopf-schwarzkopf.de